高等职业教育机电类专业教学改革规划教材
湖南省高职高专精品课程配套教材

Pro/ENGINEER Wildfire 4.0

机械设计教程

主　编　罗正斌　梁合意
副主编　罗红专　杨　海
参　编　康　兵　王仁志　吕小艳
　　　　罗梦文　王正青　唐之浪
主　审　张海筹

机械工业出版社

本教材以美国 PTC 公司的 Pro/ENGINEER Wildfire 4.0 为讨论对象，按工作过程导向理念组织编写，系统介绍了二维图草绘设计、零件造型、机械产品装配设计和工程图生成、模具设计等常用功能模块。全书共分 10 章，包括 Pro/ENGINEER Wildfire 4.0 概述、草绘设计、一般特征、基准特征、高级特征、编辑特征、曲面特征、装配设计、工程图的创建及模具设计。本教材由多年从事 Pro/ENGINEER 教学与设计的校企专家合作编写，内容循序渐进，重要的知识点都通过实际操作理解巩固各种功能的实际应用，并辅以大量实例操作及相应练习，以使读者能在较短时间内掌握软件的基本功能。

　　本教材可作为高职高专学校相关专业及各类培训班学习 Pro/ENGINEER Wildfire 4.0 软件教材，也可作为机械工程行业技术人员的自学参考书。

图书在版编目（CIP）数据

Pro/ENGINEER Wildfire 4.0 机械设计教程/罗正斌，梁合意主编 . —北京：机械工业出版社，2012.4

高等职业教育机电类专业教学改革规划教材

湖南省高职高专精品课程配套教材

ISBN 978-7-111-34598-5

Ⅰ.①P… Ⅱ.①罗… ②梁… Ⅲ.①机械设计—计算机辅助设计—应用软件—教材 Ⅳ.①TH122

中国版本图书馆 CIP 数据核字（2012）第 078745 号

机械工业出版社（北京市百万庄大街22号　　邮政编码100037）

策划编辑：边　萌　责任编辑：边　萌　王丹凤

版式设计：刘怡丹　责任校对：刘　岚

封面设计：鞠　杨　责任印制：张　楠

唐山丰电印务有限公司印刷

2012 年 7 月第 1 版第 1 次印刷

184mm × 260mm · 16.75 印张 · 412 千字

0001— 3000 册

标准书号：ISBN 978-7-111-34598-5

定价：32.00 元

高等职业教育机电类专业教学改革规划教材
湖南省高职高专精品课程配套教材
编写委员会

前　言

为认真落实《关于全面提高高等职业教育教学质量的若干意见》，更好地提升高等职业教育质量，增强高等职业教育的社会经济服务能力，适应培养高素质应用型工程技术人才的需要，根据对高素质应用型技术人员应具备的能力、素质和知识结构的分析，结合多年来在机械 CAD/CAM 教学、科研和工程培训实践的经验，组织多所学校长期从事 CAD/CAM 专业软件教学的专家编写了本教材。

Pro/ENGINEER（简称 Pro/E）是美国 PTC（参数技术）公司于 1988 年推出的集实体造型、工程分析、模具设计、数控加工等功能于一体的大型 CAD/CAE/CAM 软件，广泛应用于航天航空、汽车、模具等行业，是目前进行产品研制开发、模具设计加工的最为有效的工具之一。以其拥有的数据库技术、强大的基于特征的参数化造型功能而一跃成为全球 CAD 业界的典范。Pro/ENGINEER 将从设计到制造的全过程集成在一起，让所有的用户同时进行同一产品的设计和制造。这种产品开发的理念符合并行工程的基本思想，受到广大用户的普遍欢迎。

本书紧紧围绕高职高专机械类专业的 Pro/E 软件应用教学要求，强调内容的实用性，以真实产品为载体，由浅入深，系统、合理地讲述各个知识点和操作要领，力求精练，重点突出，以便读者能用尽可能少的时间把握知识的要点，并在教材每章后面安排了难度适中、富有特色的练习题，对提高读者自学能动性有一定帮助。

本书共分 10 章，第 1 章介绍 Pro/ENGINEER Wildfire 4.0 软件的特性与启动、工作界面及工作目录设置。第 2 章介绍草绘基础：几何图元的绘制、图形编辑，尺寸标注以及草绘约束。第 3 章介绍拉伸、旋转、扫描、混合等基础特征和孔、壳、筋和倒圆角、倒角特征。第 4 章介绍基准平面、基准轴、基准点、基准坐标系与基准曲线等特征的建立与使用。第 5 章介绍可变截面扫描、扫描混合和螺旋扫描特征的建立与应用。第 6 章介绍编辑特征和零件设计修改的常用方法。第 7 章介绍曲面特征的建立与编辑操作。第 8 章介绍产品组合装配的设计。第 9 章介绍工程图的创建。第 10 章介绍模具设计的基本方法。

本书由罗正斌、梁合意主编，罗红专、杨海担任副主编，康兵、王仁志、吕小艳、罗梦文、王正青、唐之浪任参编。张海筹教授任主审，罗正斌教授负责全书的统稿。

本书可作为高职高专学校相关专业教材及培训教材，也可供工程技术人员的自学参考书。

由于时间仓促，加之编者水平有限，疏漏不足之处在所难免，欢迎读者批评指正。

编　者

目　　录

第 1 章　Pro/ENGINEER Wildfire 4.0 概述

知识目标

✧　学习 Pro/ENGINEER Wildfire 4.0 软件的基本特性，了解软件的主要功能模块，熟悉各模块的工作界面。

能力目标

✧　掌握 Pro/ENGINEER Wildfire 4.0 软件工作界面的各种工具图标用途，能正确设置工作目录。

美国参数技术公司（PTC 公司）于 1985 年成立于美国波士顿，开始进行基于特征建模参数化设计软件的研究。2007 年，PTC 公司发布了该软件的新版本 Pro/ENGINEER Wildfire 4.0。

Pro/ENGINEER Wildfire 是集 CAD/CAM/CAE 于一体的三维参数化设计软件，是当今世界上最先进的计算机辅助设计、制造和工程一体化软件之一，广泛应用于船舶、汽车、通用机械和航天等高新技术领域。新版的 Pro/ENGINEER Wildfire 4.0 就是继承了 Pro/ENGINEER Wildfire 3.0 原有的各个模块的用户操作功能，同时，针对部分模块，对用户操作界面进行了优化（如组件模块）。它增强并完善了集辅助设计、辅助制造和辅助工程等功能于一体的应用环境。最新版本进一步优化了设计功能，丰富了设计工具，更方便用户使用。

Pro/ENGINEER Wildfire 4.0 的主要特点是提供了一个基于过程的虚拟产品开发设计环境，使产品开发从设计到加工真正实现了数据的无缝集成，从而优化了企业的产品设计与制造。Pro/ENGINEER Wildfire 4.0 不仅具有强大的实体造型功能、曲面设计功能、虚拟产品装配功能和工程图生成等设计功能，而且在设计过程中可以进行有限元分析、机构运动分析及仿真模拟等。

本章主要介绍 Pro/ENGINEER Wildfire 4.0 的软件特性、工作界面，软件的基本操作方法，并利用实例来说明 Pro/ENGINEER Wildfire 4.0 建模的一般流程，力图使读者熟悉 Pro/ENGINEER Wildfire 4.0 的工作环境，掌握软件的基本操作方法，为后续章节的学习作好准备。

1.1　Pro/ENGINEER Wildfire 4.0 软件特性概述

1.1.1　Pro/ENGINEER Wildfire 4.0 软件的主要特性

一、单一数据库，全相关性

Pro/ENGINEER Wildfire 4.0 软件的所有模块都是全相关的，是建立在单一的数据库基础上，而不是建立在多个数据库基础上。所谓单一数据库，是指工程中的全部资料都来自一个数据库。在整个设计过程中，任何一处发生改动都可以反映在整个设计过程的相关环节上，任意一处进行的修改都能够扩展到整个设计中，系统自动更新所有的工程文档，包括装配体、设计图样以及制造数据。这种功能又称为全相关性。设计时不论是在 3D 或 2D 图形上做尺寸修改，其相关的 2D 图形或 3D 模型均自动修改，同时，装配体、模具设计、NC 刀具路径等相关设计也会自动更新。

这种独特的数据结构与工程设计的完整结合，使得系统的各个模块达到数据的高度共享与融合，将产品的各个设计环节有机结合起来，实现了设计修改工作的一致性。这一特性，可使多个部门的独立设计人员能同时为一件产品而工作，极大地提高了系统的执行效率，使产品设计质量更完善，开发周期明显缩短。

二、三维实体设计

软件的三维实体模型设计方式，可使设计者将自己的设计思想以最真实的模型在计算机上显示出来，借助系统分析功能，可随时计算出产品的体积、面积、重心等物理参数，了解产品的真实性，减少许多人为的设计计算时间。Pro/ENGINEER Wildfire 4.0 还能通过标准数据交换格式输出 3D 模型或 2D 图形至其他应用软件，以进行其他的计算处理，如有限元分析及后置处理等。

三、以特征为设计的基本单元

Pro/ENGINEER Wildfire 4.0 软件采用具有智能特性的基于特征功能生成模型。使用用户熟悉的特征作为产品几何模型的构成要素。这些特征通常是一些普通的机械对象，并且可以按预先设置很方便地进行修改。设计特征有壳（Shell）、倒圆角（Round）、倒角（Chamfer）等，它们对于工程技术人员来说是很熟悉的，因而易于使用。装配、加工、制造以及其他学科都使用这些领域的特征。通过给这些特征设置参数，然后修改参数，可以很容易地进行多次设计迭代，实现产品开发。将圆孔（Hole）、加强肋（Rib）等作为零件设计的基本单元，且允许对特征进行方便的编辑操作，如特征重定义（Redefine）、重新排序（Reorder）、删除（Delete）等。这一功能特性使工程设计人员能以最自然的思考方式从事设计工作，可以随意勾画草图，轻易改变模型，在设计上为设计者提供了简易性和灵活性。

四、参数化设计

Pro/ENGINEER Wildfire 4.0 的参数化设计功能是新一代智能化、集成化 CAD 系统的核心内容，是指以尺寸参数来描述和驱动零件或装配体等模型实体，并不是直接指定模型的一些固定数值。这样，任何一个模型参数的改变都将导致其相关特征的自动更新，而且可以运用强大的数学函数关系建立各尺寸参数间的关系式。参数化设计以其强有力的草图设计、尺寸驱动功能成为产品建模与修改、系列化设计、多种设计方案比较和动态设计的有效手段。配合单一数据库技术，可使修改 CAD 模型及工程图变得更方便，使设计优化更趋完美，并能减少尺寸逐一修改的繁琐费时和不必要的错误，极大地提高产品设计效率。

1.1.2　Pro/ENGINEER Wildfire 4.0 软件的主要功能模块

Pro/ENGINEER Wildfire 4.0 作为一款机械自动化软件，将生产过程中的设计、制造和工程三个方面有机结合起来，广泛地应用于机械、电子、汽车、航空、家电、玩具、模具、工业设计等领域，用来进行产品造型设计、装配设计、模具设计、钣金设计、机构仿真、有限元分析与 NC（数控）加工等。

Pro/ENGINEER Wildfire 4.0 的主要功能模块包括以下几项。

一、机械设计模块（CAD 模块）

机械设计模块是一个高效率的三维机械设计工具，它能创建形状复杂的实体零件。可使用曲面造型功能，快速建立复杂的曲面，以满足人们物质生活水平不断提高带来的对产品外观的要求。

二、功能仿真模块（CAE 模块）

功能仿真模块主要进行有限元分析，利用该模块可对零件内部受力状态进行分析，进而在满足零件受力要求的基础上对零件进行优化设计。

三、制造模块（CAM 模块）

制造模块主要是指数控加工。包括铸造模具设计、电加工、塑料模具设计、NC 仿真、CNC 程序生成及钣金设计。

四、数据管理（PDM 模块）**与数据交换模块**

数据管理与数据交换模块能在计算机上对产品性能进行仿真测试，分析、找出造成产品故障的原因，帮助用户排除产品故障，改进产品设计。同时能自动更新创建的所有数据，保证了所有数据的安全与存取方便。在实际工作中，各种软件系统之间通常要进行数据交换、调用，如 Mastercam，UG，Cimatron 等，这时几何数据交换模块就会发挥作用。Pro/ENGI-NEER Wildfire 4.0 具有多个几何数据交换模块，如二维工程图接口、Pro/ENGINEER Wild-fire 4.0 软件开发等。

1.2　Pro/ENGINEER Wildfire 4.0 的启动

Pro/ENGINEER Wildfire 4.0 系统的启动方法有多种，可分别通过任务栏、快捷方式和"运行"命令来实现。

1. 利用 Windows 任务栏启动

在 Windows 任务栏中，选择"开始"→"程序"→"PTC"→"Pro/ENGINEER Wild-fire 4.0"命令，即可启动 Pro/ENGINEER Wildfire 4.0 系统。启动界面如图 1-1 所示。

2. 利用快捷方式启动

软件安装完成后，通常在桌面建立了 Pro/ENGINEER 的快捷方式图标，双击桌面的快捷方式图标；也可在快捷方式图标上右击，在弹出的快捷菜单中选择"打开"命令，即可启动 Pro/ENGINEER Wildfire 4.0 系统，如图 1-1 所示。

3. 利用"运行"命令启动

在任务栏中选择"开始"→"运行"命令，系统打开"运行"对话框，如图 1-2 所示。输入或查找 Pro/ENGINEER Wildfire 4.0 执行文件 proe. exe 的完整路径与文件名，单击

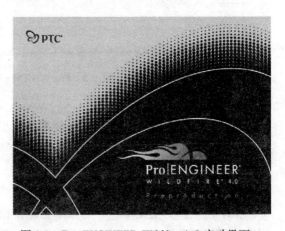

图 1-1　Pro/ENGINEER Wildfire 4.0 启动界面

"确定"按钮即可启动 Pro/Engineer。

图 1-2　利用"运行"命令启动 Pro/ENGINEER Wildfire 4.0 系统

1.3　Pro/ENGINEER Wildfire 4.0 的工作界面

Pro/ENGINEER Wildfire 4.0 启动之后,系统将打开如图 1-3 所示的窗口。窗口由 10 个部分组成:标题栏、菜单栏、工具栏、导航区、工作区、特征工具栏、信息提示(消息区和状态栏)区、导航器、过滤器和 Web 浏览器等。

图 1-3　Pro/ENGINEER Wildfire 4.0 工作界面

1. 标题栏

标题栏会显示应用程序及打开的零件模型名称,"活动的"表示当前模型窗口处于激活状态。Pro/ENGINEER Wildfire 4.0 可同时打开多个相同或不同的模型窗口,但只能有一个窗口保持激活状态。

2. 菜单栏

菜单栏又称为主菜单栏,与菜单管理器相区别。菜单栏位于标题栏的下方,排列着各种用途的下拉菜单选项,进入 Pro/ENGINEER Wildfire 4.0 系统的不同模块,系统会加载不同的菜单，图1-4 所示为零件设计模块的菜单栏。

文件(F)　编辑(E)　视图(V)　插入(I)　分析(A)　信息(N)　应用程序(P)　工具(T)　窗口(W)　帮助(H)

图 1-4　Pro/ENGINEER Wildfire 4.0 零件设计模块的菜单栏

主菜单栏中各选项的含义如下：

（1）"文件"菜单　它包括文件处理的各项命令，如新建、打开、保存、重命名等常用操作以及拭除、删除等特殊操作命令。

（2）"编辑"菜单　它包括操作模型的命令，主要用于编辑和管理建立的特征等。

（3）"视图"菜单　它包括控制模型显示与选择显示的命令，用以控制 Pro/ENGINEER Wildfire 4.0 当前的模型显示、模型的放大与缩小、模型视角的显示等。

（4）"插入"菜单　它包括添加各种类型特征的命令，不同模式下（如零件模式、组件模式、工程图模式、模具模式、加工模式等）"插入"菜单中的选项也各不相同。

（5）"分析"菜单　它包括对模型的各项分析命令，主要针对所建立的二维草图、工程图、三维实体模型等进行分析，包括距离、长度、角度、直径、质量分析、表面积、曲线曲面分析等。

（6）"信息"菜单　它包括显示各项工程数据的命令，它能获得一些已经建立好的模型关系信息，并列出报告。

（7）"应用程序"菜单　它包括各种不同的 Pro/ENGINEER Wildfire 4.0 的模块命令，使用"应用程序"菜单可以在 Pro/ENGINEER Wildfire 4.0 的各模块之间进行切换。

（8）"工具"菜单　它包括定制工作环境的各项命令。

（9）"窗口"菜单　它包括管理多个窗口的命令。

（10）"帮助"菜单　它包括使用帮助文件的命令。

3. 工具栏

Pro/ENGINEER Wildfire 4.0 系统将常用的操作命令做成图标按钮，分别放置在相应的工具栏中。单击这些图标按钮可以进行常用命令的操作，从而提高工作效率。

（1）常用工具栏　分为"文件"工具栏、"编辑"工具栏、"视图"工具栏、"模型显示"工具栏、"基准显示"工具栏等 5 类，如图 1-5 至图 1-9 所示。

图 1-5　"文件"工具栏 　　　　　　　图 1-6　"编辑"工具栏

图 1-7　"视图"工具栏 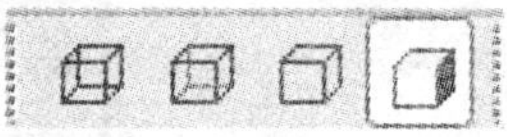　　　　　　　图 1-8　"模型显示"工具栏

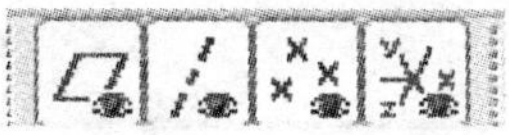

图 1-9　"基准显示"工具栏

1）"文件"工具栏用于 Pro/ENGINEER Wildfire 4.0 文件的新建、打开、保存、打印等操作。

2）"编辑"工具栏用于特征的撤销、重复、再生、查找及选取等操作。

3）"视图"工具栏用于模型的缩小、放大、定位及刷新模型视图等操作。

4）"模型显示"工具栏用于切换模型的显示方式。

5）"基准显示"工具栏用于控制模型基准的显示与否（包括基准面、基准轴、基准点、基准坐标系及模型旋转中心）。

（2）特征工具栏 进入 Pro/ENGINEER Wildfire 4.0 系统的零件模式后，窗口右侧出现特征工具栏，在其中放置了一些常见的特征。按用途不同分为基准、基本特征、工程特征和编辑特征等 4 类，如图 1-10 至图 1-13 所示。

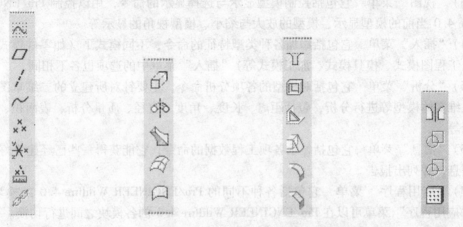

图 1-10　基准工具栏　　图 1-11　基本特征工具栏　图 1-12　工程特征工具栏　图 1-13　编辑特征工具栏

（3）定制工具栏 选取"工具"→"定制屏幕"命令，系统将会弹出"定制"对话框，如图 1-14 所示。单击"命令"标签，拖动"命令"列表框中的图标到工具栏，可以定制一个工具栏，用于放置操作中的常用命令；也可将工具图标拖动到"命令"列表框中移除。

图 1-14　"定制"对话框

4. 工作区

它可显示不同内容的文件，便于用户查看和工作。可显示的内容有：

1）作为浏览器显示窗口，如图 1-15 所示。

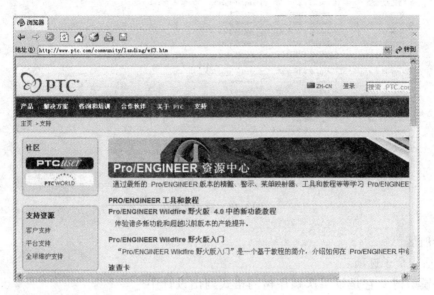

图 1-15　浏览器显示窗口

2）预览零件模型，如图 1-16 所示。

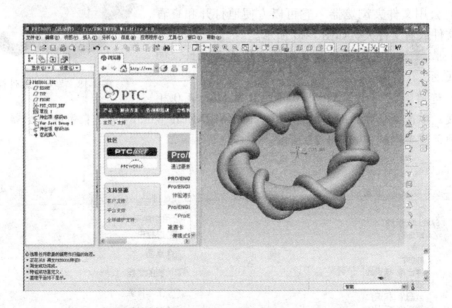

图 1-16　零件模型预览

3）在显示区内浏览文件，如图 1-17 所示。

4）显示的零件模型，如图 1-18 所示。

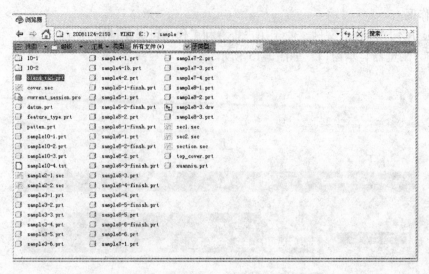

图 1-17　显示文件

5. 导航区

它包括 4 个子选项。

（1）模型树　它是以层次顺序树的格式列出设计中的每一个对象；在模型树中，每个项目旁边的图标反映了其对象的类型，如零件、组件、特征或基准，如图 1-19 所示。

（2）公用文件夹浏览器　它可以方便地打开和查看某一个文件或者文件夹，如图 1-20 所示。

（3）收藏夹　它用于收藏常用的文件或者网址，如图 1-21 所示。

图 1-18　显示的零件模型

（4）连接　它列出了 Pro/ENGINEER Wildfire 4.0 相关的连接，单击某个项目时，就能打开 Pro/ENGINEER Wildfire 4.0 自带的浏览器，连接到相应的项目或者网址，如图 1-22 所示。

图 1-19　模型树选项

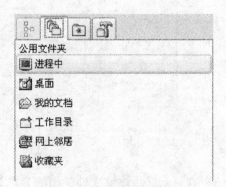

图 1-20　公用文件夹浏览器选项

图 1-21　收藏夹选项目　　　　　　　　　　图 1-22　连接选项

6. 状态栏

状态栏显示 Pro/ENGINEER Wildfire 4.0 给用户的一些重要提示，包括：操作的状态信息，警告或状态提示，要求输入的必要参数，以及完成模型的设计、错误提示等内容，如图 1-23 所示。

图 1-23　状态栏

7. 消息区

每个 Pro/ENGINEER Wildfire 4.0 窗口中都有一个消息区和一个状态栏，称为信息提示区。

消息区位于工作区的下方，用来记录和报告系统的操作进程，显示操作向导。对模型进行处理时，Pro/ENGINEER Wildfire 4.0 通过消息区的文本提示来确认用户的操作，并指示用户完成建模操作过程。如要查找先前的消息，可滚动消息列表或拖动框格来展开消息区。

对于初学者而言，应注意系统提示的信息，以便及时了解操作执行的结果和系统响应的各种信息。系统根据消息的类别不同，会以特定的图标进行标识，如 为提供操作状态信息的提示， 为状态提示信息， 为警告提示， 为出错提示等。此外，当鼠标指针移动到菜单命令、工具栏按钮或对话框项目上时（不需单击），在消息区会立即显示该命令的简短解释，以简要说明鼠标指针所指内容的含义。

消息区在状态栏的下面，可以提供多种信息提示，如图 1-24 所示。

图 1-24　消息区

消息区提供的信息提示包括：

1）提供某项操作的状态信息。警告或状态提示。

2）提供菜单选项说明。

3）允许询问额外的信息，协助完成选取命令。

4）当前模型中选取的项目数。

5）可用的选取过滤器。

6）模型再生状态，其中 表示必须再生当前模型，　　表示当前过程已暂停。

8. 操控板

当用户下达创建或编辑零件特征命令时，都会在屏幕下方出现相应的操作面板，操作面板中概括了定义某个特征的所需参数。图 1-25 所示为拉伸特征操作面板。

图 1-25　拉伸特征操作面板

1.4　Pro/ENGINEER Wildfire 4.0 工作目录的设置

使用 Pro/ENGINEER Wildfire 4.0 时应养成良好的习惯，首先设置好系统的工作目录，然后进行下一步工作。这样用户所做的设计都会被保存在该目录下，便于查找及进一步修改。工作目录主要用于保存文件以及打开默认的文件夹。Pro/ENGINEER Wildfire 4.0 系统的默认工作目录是安装时设定的起始目录，用户可在 Windows 操作系统的桌面上用鼠标右键单击 Pro/ENGINEER 快捷图标，从快捷菜单中选取"属性"命令更改 Pro/ENGINEER Wildfire 4.0 系统启动的起始位置。通过这种方法设置的工作目录，在每次启动 Pro/ENGINEER Wildfire 4.0 时都有效。

建立工作目录的方法为单击"文件"→"设置工作目录"选项，系统打开如图 1-26 所示的"选取工作目录"对话框。可以直接在已经建立好的文件目录中选择所需要的目录作为设计工作目录，也可以通过右击的方法新建一个工作目录作为当前工作目录，或首先确定

图 1-26　选取"工作目录"

工作目录所在硬盘，然后单击左下角的"文件夹树"，系统弹出如图 1-27 所示对话框。最后单击图标 ![], 在新建文件夹中输入目录名即可。亦可在"选取工作目录"选项卡的空白处右击，系统会出现快捷菜单，如图 1-28 所示。选择"新建文件夹"建立一个新的工作目录即可。

图 1-27 "文件夹树"对话框 图 1-28 快捷菜单

第2章 草绘设计

知识目标

◇ 了解草图绘制的作用。
◇ 掌握 Pro/ENGINEER Wildfire 4.0 中常用的草图绘制命令。
◇ 掌握草图的修改方法。
◇ 掌握约束在草图绘制中的作用。

能力目标

◇ 通过本章的学习，能正确运用二维草绘命令解决三维零件的基础造型问题。

2.1 草绘基础

在 Pro/ENGINEER Wildfire 4.0 的草绘模块中，用户可以创建特征的截面草图、轨迹线、草绘的基准曲线等。该部分的内容是创建特征的基础，主要内容包括：

1）截面[⊖]草绘环境的设置。
2）基本草绘图元（如点、直线、圆等）的绘制。
3）截面草绘图的标注。
4）截面草绘图的修改与编辑。
5）截面草绘图中约束的创建。

2.1.1 主要术语

（1）图元　它是指截面几何的任何元素（如直线、圆弧、圆、样条线、点或坐标系等）。
（2）参照图元　它是指创建特征截面或轨迹时所参照的图元。
（3）尺寸　图元之间关系的量度。
（4）约束　定义图元几何或图元间关系的条件。约束定义后，其约束符号会出现在被约束的图元旁边。例如，约束两条直线垂直，完成约束后，垂直的直线旁边会出现一个垂直约束符号。
（5）参数　草绘中的辅助图元。
（6）关系　是用户自定义的符号尺寸和参数之间的等式。例如，可使用一个关系将一条直线的长度设置为另一条直线的 2 倍。

⊖ 截面与剖面无实质性区别，在软件的汉化中均有使用。

（7）"弱"尺寸或"弱"约束 它们是指系统自动建立的尺寸或约束，在没有用户确认的情况下，软件系统可以自动删除它们。"弱"尺寸和"弱"约束以灰色出现。

（8）"强"尺寸或"强"约束 它们是指软件系统不能自动删除的尺寸或约束。由用户创建的尺寸和约束总是"强"尺寸和"强"约束。如果几个"强"尺寸或"强"约束发生冲突，系统会要求删除其中一个。"强"尺寸和"强"约束以较深的颜色出现。

（9）冲突 两个或多个"强"尺寸或"强"约束产生矛盾或多余条件。出现这种情况，必须删除一个不需要的约束或尺寸。

2.1.2 草绘环境

1. 进入草绘环境

进入草绘环境的方法为

步骤 1. 单击文件新建按钮 。

步骤 2. 系统弹出如图 2-1 所示的"新建"对话框，在该对话框中选中 草绘 按钮，在 名称 后的文本框中输入草绘名如 ch1，单击 确定 按钮，即进入草绘环境。

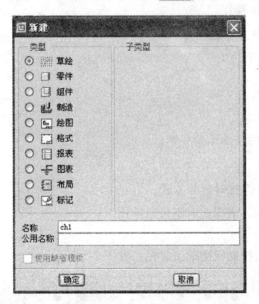

图 2-1 "新建"对话框

注意：还可以在创建某些特征（如拉伸、旋转、扫描等）时，以这些特征命令为入口，进入草绘环境。

2. 视图操作命令（图 2-2）

图 2-2 视图操作命令工具栏

重画 ：单击此按钮可以刷新屏幕，以重新显示已画线条或消除编辑过程中在屏幕上残留的痕迹。

旋转中心开关 ⬡：可以控制旋转中心是否在屏幕上显示。

定向模式开关 ⬡：可切换定向模式。

放大 🔍：用矩形框放大图形。

缩小 🔍：用矩形框缩小图形。

视图匹配 🔲：使图形与视窗匹配。

线框显示 ⬚：以线框模式显示模型。

隐藏线显示 ⬚：以有隐藏线模式显示模型。

无隐藏线显示 ⬚：以无隐藏线模式显示模型。

着色模式 ⬚：以着色模式显示模型。

模型树开关 ⬚：控制模型树显示与否。在草绘模式内为灰色显示，表示此功能在草绘模式下不可以使用。

撤销 ↺：取消上一次操作。

重做 ↻：恢复上一次撤销的操作。

剪切 ✂：剪切对象。

复制 ⬚：复制对象。

粘贴 ⬚：粘贴对象。

选择性粘贴 ⬚：有选择地粘贴对象。

搜索 ⬚：搜索对象。

选择模式 ⬚▾：改变选择对象的方式。

其中几项用灰色显示，表明此时不可以使用。

3. 视图显示命令

在草绘截面上有一行控制视图的工具栏，如图 2-3 所示。

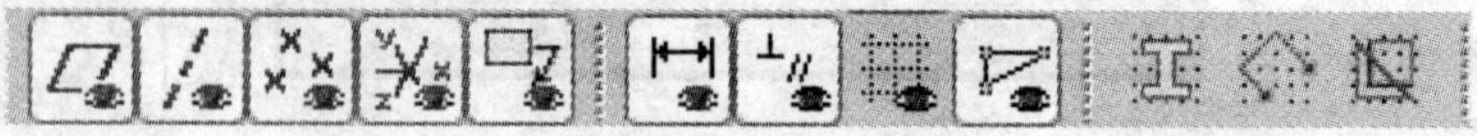

图 2-3 视图显示命令栏

⬚：基准面显示按钮。

⬚：基准轴显示按钮。

⬚：基准点显示按钮。

⬚：基准坐标系显示按钮。

⬚：打开或关闭 3D 注释。

⬚：尺寸显示按钮。

: 约束显示按钮。

: 栅格显示按钮。

: 剖面顶点显示按钮。

: 对草绘封闭链内部着色。

: 加亮不重合顶点。

: 加亮重叠几何图元。

4. 常用草绘工具按钮和下拉菜单

进入草绘环境后，系统会出现草绘时需要的各种工具按钮，常用草绘工具按钮和草绘下拉菜单如图 2-4 所示，两者在功能上基本都是相同的。"草绘"的下拉菜单中"数据来自文件"是用来导入已存在的草绘文件或其他格式的文件。

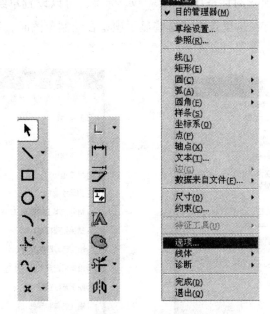

图 2-4　常用草绘工具按钮和草绘下拉菜单

2.1.3　鼠标操作

草绘环境中鼠标的使用为

1）缩放草绘区。滚动鼠标中键滚轮，向前滚可看到图形在缩小，向后滚可看到图形在放大。

2）移动草绘区。按住鼠标中键，移动鼠标，可看到图形跟着鼠标移动。

3）用鼠标左键在屏幕上选择点；单击鼠标中键一次，中止当前操作；连续快速单击中键两次，退出当前命令。

4）按〈Ctrl〉键并分别单击鼠标左键，可以同时选取多个项目。

5）右击将显示带有最常用草绘命令的快捷菜单（当不处于橡皮筋模式时）。

2.2 绘制草图

2.2.1 草绘前必要的设置和草图区的调整

1. 设置网格间距

根据模型大小可设置草绘环境中的网格大小，其操作步骤为

步骤 1. 选择 草绘(S) 下拉菜单中的 选项... 命令（图 2-4）。

步骤 2. 在如图 2-5 所示的 参数(P) 选项卡中，找到 栅格间距 选项组选取 手动 ；在 栅格间距 选项组中的 x 和 y 文本框中输入间距值，单击 ✔ 按钮结束网格设置。

2. 设置优先显示

在"草绘器优先选项"对话框中单击 杂项(M) 标签，可以设置草绘环境中的优先显示项目，如图 2-6 所示。只有在这里选中了这些显示项，在绘制草图时，系统才会自动显示草绘图形的尺寸、约束、顶点等项目。

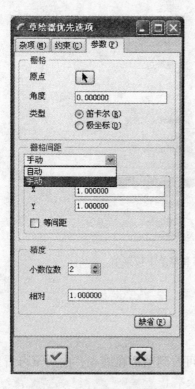

图 2-5   "参数"选项卡

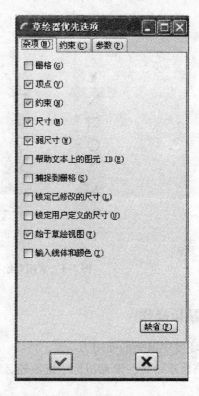

图 2-6   "杂项"选项卡

3. 设置优先约束命令

在"草绘器优先选项"对话框中单击 约束(C) 标签，可以设置草绘环境中的优先约束命令，如图 2-7 所示。只有在这里选中了一些约束选项，在绘制草图时，系统才会自动添加相应的约束，否则不会自动添加。

图2-7 "约束"选项卡

4. 草图区的快速调整

单击网格显示按钮 ▦，如果看不到网格或者网格太密，则可以缩放草绘区。如果想调整草绘区的上下、左右位置，则可以移动草绘区。

2.2.2 在草绘环境中创建几何

开始草绘，可以从草绘环境的工具栏按钮或 草绘(S) 下拉菜单中选取一个绘图命令。由于使用工具栏中的命令按钮简明快捷，因此推荐优先选用。

1. 绘制直线

步骤1. 单击工具栏中直线按钮 ＼· 中的 ＼。

步骤2. 单击直线的起始位置点。此时，一条橡皮筋线附着在鼠标指针上。

步骤3. 单击直线的终止位置点。系统在两点间创建一条直线，并且直线的终点处出现另一条橡皮筋线。

步骤4. 重复步骤 Step3，创建一系列连续的线段。

步骤5. 单击鼠标中键，结束直线创建。

2. 绘制相切直线

步骤1. 单击直线按钮 ＼· 中的 ·，再单击按钮 ＼。

步骤2. 单击与直线相切的第一个圆或圆弧。一条始终与该圆或圆弧相切的橡皮筋线附着在鼠标指针上。

步骤3. 在第2个圆或圆弧上单击与直线相切的位置点（即相切直线的终止位置点）。

步骤4. 单击鼠标中键，结束相切直线创建。

注意：如图2-8所示，单击点1和点2时，创建内公切线；单击点3和点4时，创建外公切线。

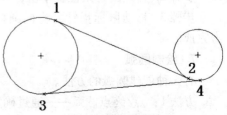

图2-8 切线的创建

3. 绘制中心线

步骤 1. 单击 "直线" 按钮 ＼ • 中的 ┆ 按钮。

步骤 2. 在绘图区某位置单击，一条中心线附着在鼠标指针上。

步骤 3. 在另一位置单击，系统绘制出一条通过此两点的中心线。

4. 绘制矩形

步骤 1. 单击 "矩形" 命令按钮 □ 。

步骤 2. 在绘图区某一点单击，放置矩形的一个角点，再将该矩形拖至所需大小。

步骤 3. 再次单击，确定矩形另一个角点的位置。系统就在这两个角点间绘制一个矩形。

5. 绘制圆

绘制圆有 4 种方法。

方法 1：圆心和半径——通过确定圆心位置和半径大小来创建圆。

步骤 1. 单击 "圆" 命令按钮 O • 中的 O 按钮。

步骤 2. 在某位置单击放置圆心，然后将该圆拖至所需大小。

方法 2：同心圆——创建已有圆/圆弧的同心圆。

步骤 1. 选取 "圆" 命令按钮 O • 中的 ◎ 按钮。

步骤 2. 选取一个参照圆或圆弧来定义圆心。

步骤 3. 移动鼠标，将圆拖至所需大小并单击完成。

方法 3：通过三点创建圆。

步骤 1. 选取 "圆" 命令按钮 O • 中的 ◌ 按钮。

步骤 2. 在绘图区某位置选取第 1 点，在另一位置选取第 2 点。这时会出现一个过这两点并随鼠标拖动的圆。

步骤 3. 将该圆拖动到合适的位置和大小后，单击第 3 点，完成圆的创建。

方法 4：创建与 3 个图元相切的圆。

步骤 1. 选取 "圆" 命令按钮 O • 中的 ◌ 按钮。

步骤 2. 如图 2-9 所示，单击圆 A 上的点 1。

步骤 3. 单击直线 C 上的点 2，这时出现一个随鼠标拖动的，过点 1、点 2 的圆。

步骤 4. 单击圆 B 上的点 3，完成切点圆的创建。

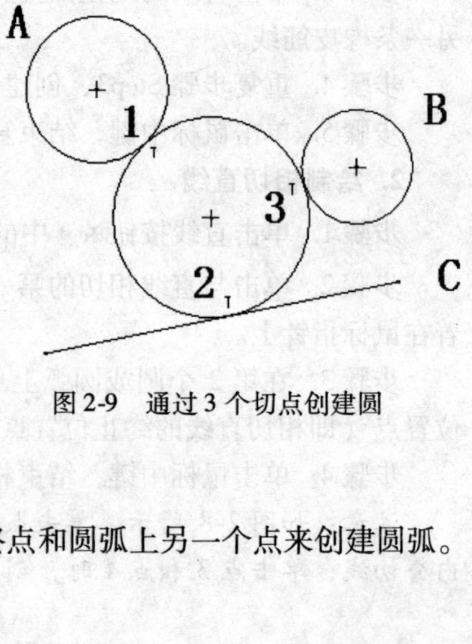

6. 绘制椭圆

步骤 1. 单击 "圆" 命令按钮 O • 中的 ⬭ 按钮。

步骤 2. 在绘图区某位置单击，放置椭圆的中心点。

步骤 3. 移动鼠标指针，将椭圆拉至所需形状并单击完成。

图 2-9　通过 3 个切点创建圆

7. 绘制圆弧

有 5 种创建圆弧的方法。

方法 1：点/终点圆弧——通过确定圆弧的起始点、终点和圆弧上另一个点来创建圆弧。

步骤 1. 单击 "圆弧" 命令 ⌒ • 中的 ⌒ 按钮。

步骤 2. 在绘图区某位置单击，放置圆弧的第一个端点；在另一位置单击，放置另一端点。

步骤 3. 此时，圆弧随鼠标拖动而变化，单击圆弧上所需的一点完成操作。

方法 2：切点/终点圆弧——通过以其他图元上的一点作为圆弧的起始点，再确定终点和圆弧上第三点来创建圆弧，但在起始点处圆弧与图元相切。

步骤 1. 单击"圆弧"命令 ⌒·中的 ⌐ 按钮。

步骤 2. 如图 2-10 所示，单击直线段（或其他图元）上的点 1，再单击点 2。

步骤 3. 拖动鼠标，带点 1 处出现相切约束符号 T 时，单击确定（点 3）。

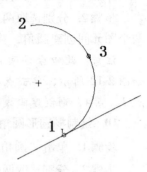

方法 3：同心圆弧——通过选取已有圆或圆弧来创建同心圆弧。

步骤 1. 单击"圆弧"命令 ⌒·中的 ⌥ 按钮。

步骤 2. 选取一个参照圆或圆弧来定义圆心。

步骤 3. 将圆拉至所需大小，然后在圆上单击两点以确定圆弧的两个端点。

图 2-10　切点/端点圆弧

方法 4：圆心/端点圆弧——通过确定圆弧的圆心点、半径和圆弧两端点来创建圆弧。

步骤 1. 单击"圆弧"命令 ⌒·中的 ⌐ 按钮。

步骤 2. 在某位置单击，确定圆弧的中心点，然后将圆弧拉至所需大小，并在圆上单击两点，以确定圆弧的两个端点。

方法 5：3 切点圆弧——通过选取 3 个被切对象来创建圆弧。

步骤 1. 单击"圆弧"命令 ⌒·中的 ⌒ 按钮。

步骤 2. 如图 2-11 所示，单击第 1 个相切图元，再单击第 2 个相切图元，最后单击第 3 个图元。

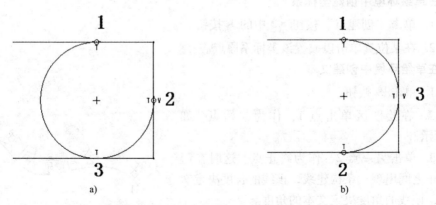

a)　　　　　　　　　　　b)

图 2-11　切点顺序的选取对草绘图形的影响

a）开口向右　b）开口向左

注意：第 1 个图元和第 2 个图元确定了圆弧的两个端点，第 3 个图元决定了圆弧的开口方向。

8. 绘制圆锥弧

步骤 1. 单击"圆弧"命令 ⌐ˑ 中的 ⌐ 按钮。

步骤 2. 在绘图区单击两点，作为圆锥弧的两个端点。

步骤 3. 此时移动鼠标指针，圆锥弧呈橡皮筋样变化，单击所需弧的"尖点"的位置。

9. 绘制圆角

步骤 1. 单击"圆角"命令按钮 ⌐ 。

步骤 2. 分别选取两个图元（两条直线），系统便在这两个图元间创建圆角，并将两个图元剪裁至交点。

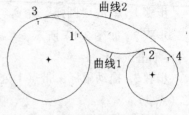

注意：此命令还可以在两个圆/圆弧之间创建圆角。如图 2-12 所示，单击点 1、点 2，创建曲线 1；如果单击点 3、点 4，则创建曲线 2。

图 2-12　创建与两圆相切的圆弧

10. 绘制椭圆形圆角

步骤 1. 单击"圆角"命令按钮 ⌐ˑ 中的 ⌐ 按钮。

步骤 2. 分别选取两个图元（两条直线），系统便在这两个图元间创建椭圆圆角，并将两个图元剪裁至交点。

11. 绘制样条曲线

样条曲线是通过任意个中间点的光滑曲线。

步骤 1. 单击"样条曲线"按钮 ∿ 。

步骤 2. 单击一系列点，可以看到一条橡皮筋样的样条曲线附着在鼠标上。

步骤 3. 单击中键，结束样条曲线的绘制。

12. 创建点

步骤 1. 单击"创建点"按钮 ✕ 。

步骤 2. 在绘图区某位置单击以放置该点。

13. 在草绘环境中创建坐标系

步骤 1. 单击"创建点"按钮 ✕ˑ 中的 ⌐ 按钮。

步骤 2. 在某位置单击以放置该坐标系原点。

14. 在草绘环境中创建文本

步骤 1. 单击 Ⓐ 按钮。

步骤 2. 在绘图区单击点 1，作为起始点，如图 2-13 所示。

步骤 3. 单击另一点 2，作为终止点。这时在起始点和终止之间出现一条构建线，该线的长度决定文本的高度，该线的角度决定文本的角度。

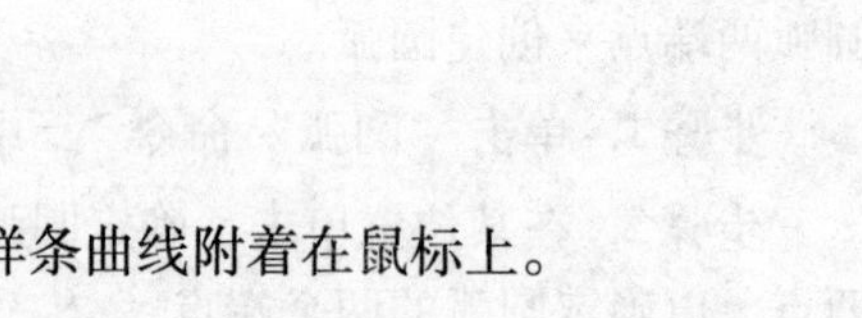

图 2-13　在草绘中创建文本

步骤 4. 系统弹出如图 2-14 所示的对话框，在 文本行 文本框中输入文本。

步骤 5. 可以从如图 2-14 所示的文本选项框中进行设置。

字体 下拉列表框：从系统提供的字体中选取一类。

长宽比 文本框：拖动滑动条增大或减小文本的长宽比。

斜角 文本框：拖动滑动条增大或减小文本的倾斜角度。

□ 沿曲线放置 复选框：选中此复选框，可沿一条曲线放置文本，然后需选择希望放置文本的曲线，如图 2-13 所示。

步骤 6. 单击 确定 按钮，完成文本创建。

15. 调色板

如图 2-15 所示的"草绘器调色板"对话框，可以创建多边形、轮廓、形状和星形草绘图形。单击调色板中相应的图形选项卡可选择不同的图形，并且可在对话框中进行预览；双击后，再在绘图区某位置单击，则可调用该图形。图形大小可以通过修改图形上的参数来调整。

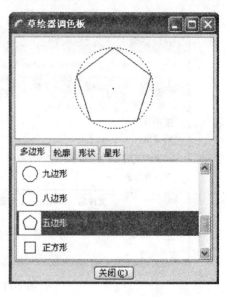

图 2-14 "文本"对话框　　　　图 2-15 "草绘器调色板"对话框

下面以绘制正五边形为例来演示调色板的使用。

步骤 1. 单击 按钮，弹出"草绘器调色板"对话框。

步骤 2. 双击 多边形 列表框的 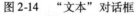 按钮。

步骤 3. 在绘图区某位置单击，则出现如图 2-16a 所示的五边形和如图 2-16b 所示的"缩放旋转"对话框。

步骤 4. 在"缩放旋转"对话框中输入合适的比例和旋转角度，单击 ☑ 按钮，则在绘图区创建如图 2-16c 所示的五边形。

步骤 5. 双击图 2-16c 中的尺寸值，将尺寸修改到需要的大小。

16. 使用以前保存过的图形创建当前图形

利用前面介绍的基本绘图功能，用户可以创建各种要求的截面，另外还可以调用以保存的 Pro/ENGINEER 草绘或是其他软件（如 AutoCAD）已保存的截面图形。

步骤 1. 选择草绘环境中 草绘(C) 下拉菜单中的 数据来自文件(F) ▶ 子菜单的 文件系统... 命令，这时系统弹出"打开"对话框，如图 2-17 所示。

a)   b)   c)

图 2-16   使用调色板命令创建正五边形

a) 绘图区的五边形   b) "缩放旋转"对话框   c) 修改五边形

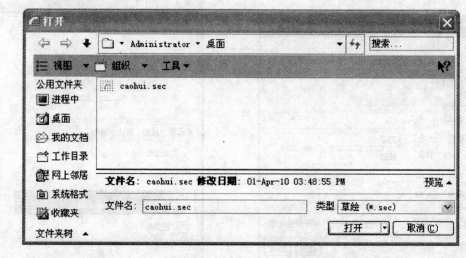

图 2-17   "打开"对话框

步骤 2. 从 [类型] 的下拉列表框中选择要打开的文件类型（Pro/ENGINEER 草绘文件的扩展名为 . sec）。

步骤 3. 选取要打开的文件（caohui. sec）并单击 [打开] 按钮，在绘图区任意位置单击，该截面便显示在图形区中，如图 2-18 所示。同时系统打开"缩放旋转"对话框，如图 2-19 所示。

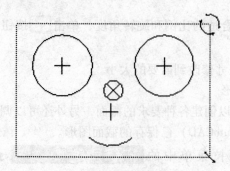 

图 2-18   草绘截面   图 2-19   "缩放旋转"对话框

步骤 4. 在"缩放旋转"对话框内，输入一个比例值和一个旋转角度值。单击 ✓ 按钮，系统关闭该对话框并添加此几何图形。

2.3 编辑草图

1. 修剪工具

利用修剪工具可以对线条进行剪切、延长及分割处理。

（1） ⍾ 动态修剪　系统可以自动判断出被交截的线条而进行修剪。

步骤 1. 单击 ⍾ 按钮。

步骤 2. 按住鼠标左键并拖动鼠标。鼠标的拖动轨迹以高亮的红色线显示，使这条红色线和要被删除的线相交。

步骤 3. 松开鼠标左键，被选中的线即被删除，如图 2-20 所示。

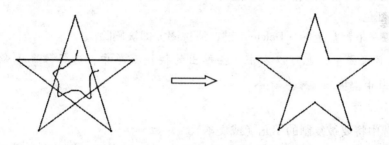

图 2-20　图元的修剪

（2） ┼ 相交可以使两条曲线或者直线延长至某点相交，或从相交点进行修剪。

┼ 延长：

步骤 1. 单击"修剪"按钮 ⍾ 中的 ┼ 按钮。

步骤 2. 分别单击两条直线，如图 2-21 所示。

图 2-21　图元的延长

┼ 修剪：

步骤 1. 单击"修剪"按钮 ⍾ 中的 ┼ 按钮。

步骤 2. 分别单击第 1 个和第 2 个图元要保留的部分，如图 2-22 所示。

⌐ 打断：此功能可以将线条打断。在混合命令中，不同的截面要求图元数相等，可用此命令将截面分割成相等的图元数。

步骤 1. 单击"修剪"按钮 中的 按钮。

步骤 2. 单击一个要分割的图元，如图 2-23 所示，该圆被打断为 3 个图元。

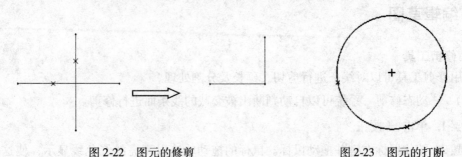

     图 2-22   图元的修剪   图 2-23   图元的打断

2. 删除

步骤 1. 在绘图区单击或框选（框选时要框选住整个图元）要删除的图元。此时，被选中的图元会变红色。

步骤 2. 按一下键盘上的〈Delete〉键，所选图元即被删除。

注意：在步骤 2 中，也可以右击，在弹出的快捷菜单中，选择 删除(D) 命令；或是在 编辑(E) 下拉菜单中，选择 删除(D) 命令。

3. 复制

步骤 1. 选中将要被复制的图元（或文本）。

步骤 2. 按〈Ctrl + C〉组合键后，再按〈Ctrl + V〉组合键，然后在绘图区上单击鼠标左键，系统弹出如图 2-24 所示的复制图元和"缩放旋转"对话框。

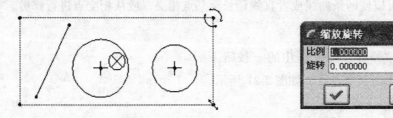

图 2-24   复制图元和"旋转缩放"对话框

步骤 3. 在弹出的对话框中输入合适的比例和旋转角度，单击 按钮。

4. 镜像

步骤 1. 在绘图区单击或框选要镜像的图元（或文本）。

步骤 2. 单击工具栏 按钮中的 按钮，或选择 编辑(E) 下拉菜单中的 镜像(M) 命令。

步骤 3. 选取一条镜像中心线。如果没有中心线，可以用中心线的命令绘制一条。

注意：要区分基准面的投影线和中心线。在草绘截面，中心线默认为明亮的黄色，而基准面的投影线为棕色。

5. 比例缩放和旋转

步骤 1. 在绘图区单击或框选要比例缩放的图元（可看到选择的图元变红）。

步骤 2. 单击工具栏  按钮中的 🖫 按钮，或选择 编辑(E) 下拉菜单中的 缩放和旋转(A) 命令，图形出现如图 2-25 所示的图元操作图和如图 2-26 所示的"缩放旋转"对话框。

步骤 3. 在如图 2-26 所示的"缩放旋转"对话框中输入相应的缩放比例和旋转角度值；还可以单击选取不同的操纵手柄，进行移动、缩放和旋转操作。

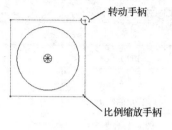

图 2-25　图元操作图

图 2-26　"缩放旋转"对话框

步骤 4. 单击"缩放旋转"对话框中的 ✓ 按钮，确认变化并退出。

6. 结构切换

Pro/ENGINEER 中的构建图元起辅助线的作用，构建图元以虚线显示，其创建过程为

步骤 1. 按住〈Ctrl〉键，依次选取如图 2-27a 所示的直线、圆弧、多边形。

步骤 2. 右击，在系统弹出如图 2-28 所示的对话框中选择 构建 命令，被选取的图元就转换成构建图元，如图 2-27b 所示。

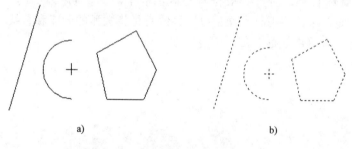

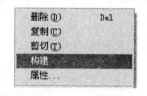

图 2-27　将图元转换为构建图元

a）一般图元　b）构建图元

图 2-28　快捷菜单

2.4　几何约束

1. 约束的屏幕显示控制

在工具栏中单击 按钮即可控制约束符号在屏幕中的显示或关闭。

2. 约束符号颜色含义

1）当前约束为红色。

2）弱约束为浅灰色。

3）强约束。系统默认为白色，一般称之为深色。

4）锁定约束。放在一个圆中。

5）禁用约束。用一条直线穿过约束符号。

3. 各种约束符号

各种约束的显示符号见表2-1。

表 2-1　约束符号列表

约束名称	约束符号	约束名称	约束符号
垂直图元	⊥	图元水平/竖直排列	‐ ‐　│
平行线	//	对称	→←
相切图元	T	相同点	○
相等长度的线段	L	中点	*
相等半径的圆/圆弧	R	使用边/偏距边	↕
竖直图元	V	图元上的点	⊕
水平图元	H	共线	▭

4. 约束的禁用、锁定与切换

在绘图的过程中，系统会自动进行约束和显示约束符号。例如，在通过3点绘制圆弧，定义圆弧的起点时，当鼠标移至另一条直线附近时，系统自动将圆弧的起点与直线的端点对齐，同时显示对齐约束符号。这时如果

1）右击。对齐约束符号被画上斜线，如图2-29所示。这表示对齐约束被禁用，即对齐约束不起作用。如果再次右击，禁用被取消。

2）按住〈Shift〉键同时单击鼠标右键，对齐约束符号外显示一个圆圈，如图2-30所示。这表示该对齐约束被锁定，此时，不论将鼠标移至何处，系统总是将圆弧的起点和直线的端点对齐。再次按住〈Shift〉键同时单击鼠标右键，锁定将被取消。

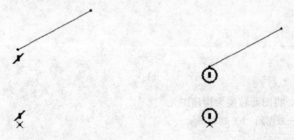

图2-29　约束的禁用　　　　　图2-30　约束的锁定

在绘制图元的过程中，当出现多个约束时，只有一个约束处于活动状态，以亮颜色（默认为红色）显示；其余约束为非活动状态，以灰色显示。只有活动的约束可以被禁用或锁定。可按〈Tab〉键，轮流将非活动约束切换为活动约束。

5. 创建约束

下面以图2-31所示的正交约束为例来演示创建约束的步骤。

步骤1. 单击 ⊡ 按钮，系统弹出如图2-32所示的"约束"对话框。

步骤2. 在"约束"对话框中选择一种约束，比如 ⊥ 。

步骤3. 系统在信息区提示 ⇨选取两图元使它们正交 ，分别选取两条直线（可以重复步骤2~步骤3，创建其他约束）。

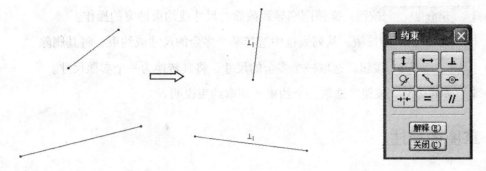

图 2-31　图元的正交约束　　　　　　　　　图 2-32　"约束"对话框

步骤 4. 单击 关闭(C) 按钮，关闭"约束"对话框，系统按创建的约束更新画面，并显示约束符号⊥₁。

6. 删除约束

步骤 1. 单击要删除的约束符号，选中后，约束符号颜色变红。

步骤 2. 右击，在快捷菜单中选择 删除(D) 命令（或按下〈Delete〉键）。

7. 解决约束冲突

当增加的约束或尺寸与现有强约束或弱尺寸相互冲突或多余时，例如，图 2-33 所示的草绘截面中添加尺寸 4.97（图 2-34）时，"草绘器"就会加亮冲突尺寸或约束，并告诉用户删除加亮的尺寸或约束之一；同时系统会弹出如图 2-35 所示的"解决草绘"对话框，利用此对话框可以解决冲突。其中各选项的说明为

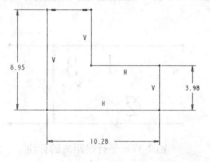

图 2-33　草绘图形

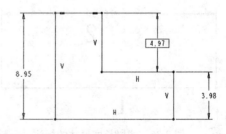

图 2-34　添加尺寸

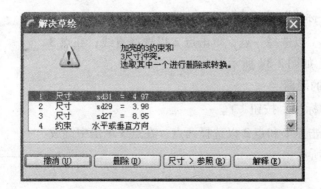

图 2-35　"解决草绘"对话框

1）　 撤消 (U) 　按钮。撤销刚刚导致截面的尺寸或约束冲突的操作。

2）　 删除 (D) 　按钮。从列表框中选择某个多余的尺寸或约束，将其删除。

3）　 尺寸 > 参照 (R) 　按钮。选取一个多余的尺寸，将其转换为一个参照尺寸。

4）　 解释 (E) 　按钮。选取一个约束，获取约束说明。

2.5　草图的标注

在绘制截面图形时，系统会及时自动产生弱尺寸，以灰色显示。系统在创建和删除时不予警告，但用户不能手动删除。用户可以按设计意图创建所需的尺寸标注及布置，即强尺寸。增加强尺寸时，系统会自动删除弱尺寸。

2.5.1　尺寸标注

1. 标注线段长度

步骤 1. 单击工具栏中的"标注"按钮 ⊢⊣ 。

步骤 2. 选取要标注的图元，即单击点 1 以选择直线，如图 2-36 所示。

步骤 3. 在点 2 单击鼠标中键，确定尺寸的放置位置。

2. 标注两条平行线间的距离

步骤 1. 单击工具栏中的"标注"按钮 ⊢⊣ 。

步骤2. 分别单击点 1 和点 2 以选择两条平行线，在点 3 单击中键放置尺寸，如图 2-37 所示。

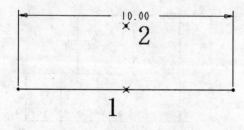

图 2-36　线段长度尺寸的标注

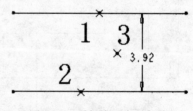

图 2-37　平行线距离的标注

3. 标注一点和一条直线之间的距离

步骤 1. 单击"标注"按钮 ⊢⊣ 。

步骤 2. 单击点 1 以选择一点，单击点 2 以选择直线；在点 3 单击中键放置尺寸，如图 2-38 所示。

4. 标注两点间的距离

步骤 1. 单击"标注"按钮 ⊢⊣ 。

步骤 2. 分别单击点 1 和点 2 以选择两点，在点 3 单击中键放置尺寸，如图 2-39 所示。

5. 标注直径

步骤 1. 单击"标注"按钮 ⊢⊣ 。

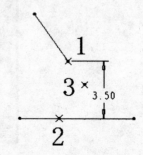

图 2-38　点、线间距离的标注

步骤 2. 分别单击点 1 和点 2 以选择圆上 2 点，在点 3 单击中键放置尺寸，如图 2-40 所示。

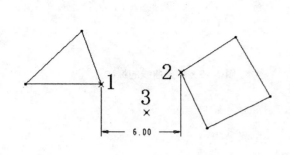

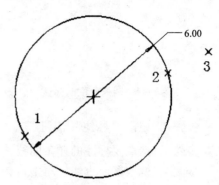

图 2-39 两点间距离的标注

图 2-40 直径的标注

6. 标注半径

步骤 1. 单击"标注"按钮 |↔| 。

步骤 2. 单击点 1 选取圆弧上一点，在点 2 单击中键放置尺寸，如图 2-41 所示。

7. 标注两条直线间的角度

步骤 1. 单击"标注"按钮 |↔| 。

步骤 2. 分别在两条直线上选择点 1 和点 2，在点 3 单击中键放置尺寸（标注角为锐角，如图 2-42 所示），或在点 4 单击中键放置尺寸（标注角为钝角，如图 2-43 所示）。

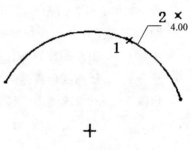

图 2-41 半径的标注

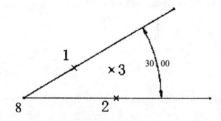

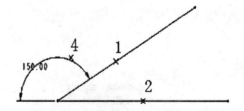

图 2-42 直线间角度的标注（锐角）

图 2-43 直线间角度的标注（钝角）

8. 标注圆弧角度

步骤 1. 单击"标注"按钮 |↔| 。

步骤 2. 分别选择弧的端点 1、端点 2 及弧上一点 3；在点 4 单击中键放置尺寸，如图 2-44 所示。

9. 样条曲线的标注

样条曲线端点或插值点（即中间点）的线性尺寸的创建可参考前面点到点或点到直线的标注章节。

样条曲线端点（或中间控制点）的角度尺寸的标注方法为

步骤 1. 创建一条参照直线，如图 2-45 所示。

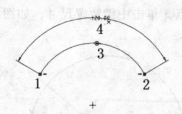
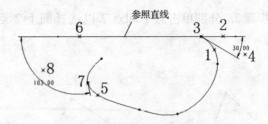

图 2-44　圆弧角度的标注　　　　　　　　图 2-45　样条曲线的标注

步骤 2. 单击"标注"按钮。

步骤 3. 选取要标注的样条曲线，单击点 1（或点 5）。

步骤 4. 选取参照直线。单击点 2（或点 6）。

步骤 5. 选取样条曲线的端点（或中间点），单击点 3（或点 7）。

步骤 6. 放置尺寸。在点 4（或点 8）单击中键放置尺寸。

10. 标注椭圆或椭圆角

椭圆的水平和垂直端点及其中心点的标注，参见前面章节的点到点或点到直线的标注方法。

椭圆的 X 半径和 Y 半径标注方法为

步骤 1. 单击"标注"按钮。

步骤 2. 选择椭圆角或椭圆（不选端点），再单击中键以放置尺寸。

步骤 3. 这时系统弹出"椭圆半径"对话框，如图 2-46 所示。从中选择一个单选按钮，再单击 接受 按钮，即完成标注。

11. 标注对称尺寸

步骤 1. 单击"标注"按钮。

步骤 2. 单击图元上的点 1，再单击对称中心线上任意一点 2，然后再次单击点 1；在点 3 单击中键以放置尺寸，如图 2-47 所示。

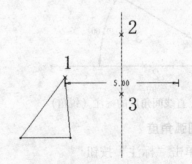

图 2-46　"椭圆半径"对话框　　　　　图 2-47　对称尺寸的标注

2.5.2　编辑尺寸标注

1. 移动尺寸

步骤 1. 单击要移动的尺寸文本。选中后，可看到尺寸变红。

步骤 2. 移动鼠标将尺寸文本拖至所需位置。

2. 修改尺寸值

有两种方法修改标注的尺寸值。

方法 1：

步骤 1. 在要修改的尺寸文本上双击（图 2-48a），这时出现如图 2-48b 所示的尺寸修正框 `4.00` 。

步骤 2. 在尺寸修正框 `4.00` 中输入新的尺寸值后，按〈Enter〉键完成修改，如图 2-48c 所示。

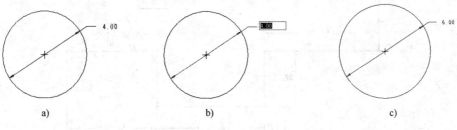

图 2-48　修改尺寸值

a）修改前　b）修改中　c）修改后

方法 2：

步骤 1. 单击要修改的尺寸文本，这时尺寸颜色变红（按下〈Ctrl〉键可选取多个尺寸目标）。

步骤 2. 单击尺寸"修改"按钮 `修改` （或选择 `编辑(E)` 下拉菜单中的 `修改(D)...` 命令）。这时系统弹出如图 2-49 所示的"修改尺寸"对话框，所选取的每一个目标尺寸值和尺寸参数（sd8、sd13 等）出现在"修改尺寸"对话框中。

步骤 3. 在尺寸列表中输入新的尺寸值。

步骤 4. 修改完毕后，单击 `✓` 按钮。系统再生截面并关闭对话框。

注意：当同时修改多个图元的尺寸时，可取消复选框 `☐ 再生(R)` 前的勾选，避免尺寸在再生的过程中出现干涉的情况。

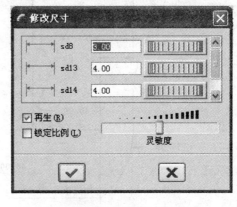

图 2-49　"修改尺寸"对话框

练　习

试用 Pro/ENGINEER Wildfire 4.0 草绘功能完成图 2-50、图 2-51、图 2-52 所示的图形，并练习尺寸标注与几何约束。

图 2-50 的操作提示为

步骤 1. 单击"新建"按钮 `☐` ，在系统弹出的"新建"对话框中选中 `⊙ 草绘` ，在 `名称` 的文本框中输入草绘文件名 ch1，再单击 `确定` 按钮。

步骤 2. 单击"直线"按钮 `╲` ，在草绘区绘制形状和图 2-50 大致一样的图形。

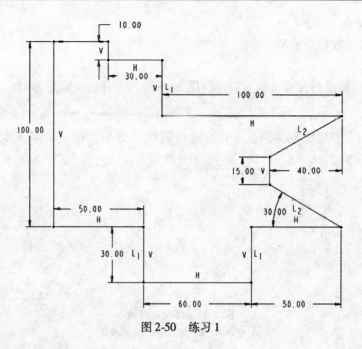

图 2-50 练习 1

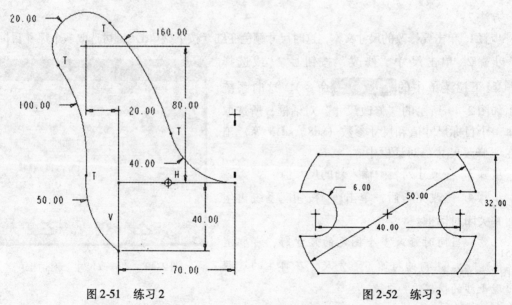

图 2-51 练习 2　　　　　　　　　图 2-52 练习 3

步骤 3. 框选草绘截面图形及所有弱尺寸，再单击尺寸"修改"按钮 ，取消复选框 □再生 ® 前的勾选，依次修改草绘图中的尺寸，最后单击 ✓ 按钮，完成尺寸修改。

图 2-51 的操作步骤为

步骤 1. 分析草绘截面的图元构成。该草绘图由相切圆弧和直线组成。

步骤 2. 单击"新建"按钮 ，在系统弹出的"新建"对话框中选中 ⊙ 草绘 ，在 **名称** 的文本框中输入草绘文件名 ch2，再单击 确定 按钮。

步骤 3. 在工具栏单击 ◯ 按钮，然后在绘图区某位置绘制一个圆；再单击中键退出该命令；再双击灰色的弱尺寸，将圆的直径修改为 40。

步骤 4. 单击"直线"按钮 ，在绘图区绘制两条正交直线。双击灰色的弱尺寸，将其修改为如图 2-53 所示的值。

步骤 5. 单击 按钮中的 按钮，单击图 2-54 中的点 1 以放置圆心（系统自动约束圆心和直线共线）；再单击直线的端点 2，绘制圆弧的起点；在点 3 单击放置圆弧的终点，双击灰色的弱尺寸，将圆弧半径修改为 50。

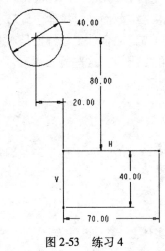

图 2-53　练习 4

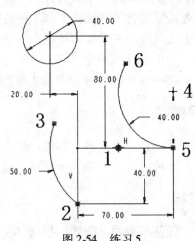

图 2-54　练习 5

步骤 6. 重复步骤 5 以点 4、直线的端点 5 和点 6 绘制另一条圆弧；单击 按钮，在弹出的"约束"对话框中单击"对齐"按钮 ，再单击点 4 和点 5，约束二者竖直对齐；修改该圆弧的半径为 40。

步骤 7. 单击"倒圆角"按钮 ，单击点 7 和点 8，创建圆弧 A；再单击点 9 和点 10，创建圆弧 B；将圆弧 A 和圆弧 B 的尺寸修改为如图 2-55 所示的尺寸。

步骤 8. 单击 按钮，将多余的圆弧修剪掉，即得到如图 2-51 所示的草绘图形。

图 2-52 的操作提示为

首先绘制两条正交的中心线，再绘制直径为 50 的圆和半径为 6 的圆；绘制水平线；修剪并完成图形的 1/4，再使用镜像工具得到图形。

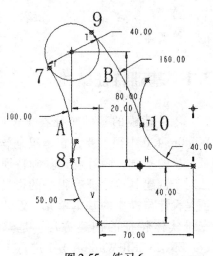

图 2-55　练习 6

第3章 一般特征

在学习草绘以后，本章将介绍一般特征的创建，在 Pro/ENGINEER Wildfire 4.0 中，零件的一般特征包含了基础特征和工程特征，基础特征是指二维截面经过拉伸、旋转、扫描和混合等方式形成的一类实体特征，它包含拉伸、旋转、扫描、混合。工程特征是对基础特征进行进一步的加工，它包含孔、壳、筋、倒圆角及倒角特征等。这些特征都是 Pro/ENGINEER Wildfire 4.0 建模过程中最主要的特征。

知识目标

◇ 掌握拉伸、旋转、扫描、混合的操作步骤和方法。
◇ 掌握孔、壳、筋、倒圆角、倒角的操作步骤和方法。

能力目标

◇ 能使用拉伸、旋转、扫描、混合绘制一般三维实体。
◇ 能使用孔、壳、筋、倒圆角、倒角创建工程特征。
◇ 能综合运用拉伸、旋转、扫描、混合、孔、壳、筋、倒圆角、倒角创建较为复杂的三维实体。

3.1 基础特征概述

零件建模的基础特征在 Pro/ENGINEER Wildfire 4.0 中很重要，它不仅是放置基准特征产生的基础，而且创建基础特征的基本方法对于创建其他特征有很好的指导作用。特征是设计与操作的基本单元，因此全面掌握三维实体特征的创建方法，是熟悉、使用 Pro/ENGINEER Wildfire 4.0 进行工程设计的最基本要求。实体的基础特征包括拉伸、旋转、混合和扫描特征。

启动 Pro/ENGINEER Wildfire 4.0，单击"新建"按钮，出现如图 3-1 所示"新建"对话框，系统默认的"类型"为"零件"，大部分的实体建模都是在此选项下进行的，"子类型"为"实体"。用户可以接受系统自动对零

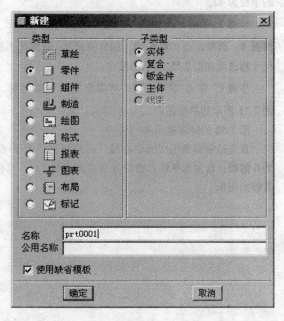

图 3-1　"新建"对话框

件的编号"prt0001",也可以按照要求输入零件名称,单击"确定"按钮即可创建一个新的零件文件。在此需要注意的是 Pro/ENGINEER 系统中默认的英制模板为"inlbs_part_solid"。如果用户需要使用米制模板"mmns_part_solid",则需取消选择"使用默认模板"复选框,单击"确定"按钮,系统会弹出如图 3-2 所示的"新文件选项"对话框,在对话框中选取需要的模板。单击"确定"按钮,即可完成新文件的创建。系统会进入如图 3-3 所示的实体建模窗口。

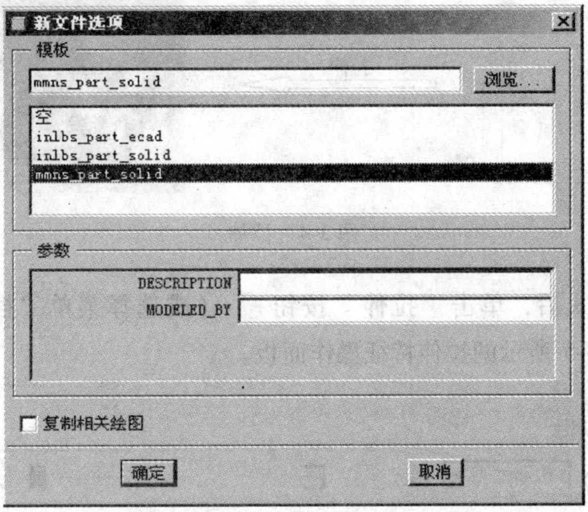

图 3-2 "新文件选项"对话框

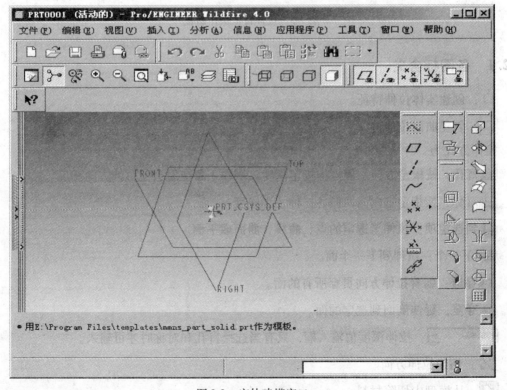

图 3-3 实体建模窗口

3.2　拉伸特征

拉伸是指将完成的二维截面沿垂直于此截面的方向直接拉伸成模型，如图 3-4 所示。

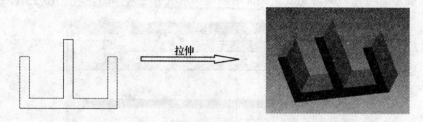

图 3-4　拉伸

进入零件模式后，单击"拉伸"按钮 ⬚（或选择菜单"插入"→"拉伸"命令），系统显示如图 3-5 所示的拉伸特征操作面板。

图 3-5　拉伸特征操作面板

3.2.1　各图标含义

⬚：创建实体拉伸特征。

⬚：创建曲面拉伸特征。

拉伸方式为

⬚盲孔：按指定方向一侧拉伸指定深度。当输入负值时会使拉伸方向相反。

⬚对称：按指定方向向两侧各拉伸一半深度。

⬚到选定项：拉伸至选定的点、曲线、曲面或平面。

⬚下一个：拉伸到下一个面。

⬚穿透：朝着拉伸方向贯穿所有的面。

⬚穿至：延伸剖面到选定的面。

⬚：拉伸深度值输入框，只有当选择盲孔和对称时才可输入。

⬚：切换拉伸方向。

⬚：从模型中切除材料。

▢：创建薄壁体拉伸特征。

▮▮：暂停当前的特征命令，去执行其他操作。

☑∞：预览生成的特征。

☑：确定当前特征的创建。

✖：取消当前特征的创建。

"放置"：单击该按钮，可以绘制或重定义拉伸截面。

"选项"：单击该按钮，显示如图 3-6 所示的面板。面板中的"第 1 侧"、"第 2 侧"栏的作用是两侧拉伸时设定每一侧的拉伸深度值。

"封闭端"：当创建曲面拉伸特征（且拉伸截面封闭），该项被激活，以确定曲面拉伸特征的端面是封闭的还是开放的。

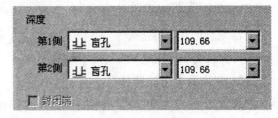

图 3-6　选项特征操作面板

"属性"：单击该按钮，显示当前的特征名称及相关特征信息。

注意：在草绘实体中绘制拉伸截面时，截面一定要封闭，截面线不能相交，截面不能有重线等。只有当已经存在实体后，才可以选择实体切除拉伸。

3.2.2　创建实体拉伸特征

步骤 1. 单击主窗口右侧工具栏中的 ▱ 按钮，或选择菜单"插入"→"拉伸"命令，系统弹出拉伸特征面板。

步骤 2. 单击 ▢ 按钮，创建实体拉伸特征。

步骤 3. 单击"放置"→"定义"按钮，系统弹出如图 3-7 所示的"草绘"对话框。

"草绘"对话框中各栏含义为

"草绘平面"：该栏可指定并显示草绘平面，若单击"使用先前的"按钮，则使用先前的草绘平面。

"草绘方向"：该栏可指定参考平面来定位草绘视图，并显示参考平面、草绘视图方向等内容。

步骤 4. 在绘图区选取一个基准平面为草绘平面，"草绘方向"栏会自动选取默认的参考平面和草绘视图方向。

步骤 5. 单击"草绘"按钮，系统进入草绘窗口。

步骤 6. 绘制拉伸截面，单击草绘工具栏中的"√"按钮，完成拉伸截面的绘制。

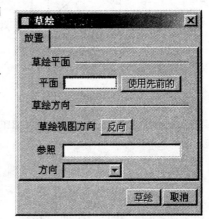

图 3-7　"草绘"对话框

步骤 7. 在拉伸特征面板中选择相应的选项，单击"√"按钮，完成拉伸特征的创建。

3.2.3 拉伸特征实例（图3-8）

1. 建立新文件：

在工具栏中单击"新建"按钮 □，或选择"文件"→"新建"命令，在弹出的"新建"对话框中"类型"选择"零件"单选按钮，"子类型"选择"实体"单选按钮。输入零件名称为"lx3-01"，取消选择"使用缺省模板"复选框，单击 确定 按钮。在弹出的"新文件选项"对话框中选择米制模板"mmns_part_solid"，单击 确定 按钮，系统进入零件设计窗口。

图3-8 拉伸特征实例

2. 创建第1个拉伸特征

步骤1. 单击"拉伸"按钮 □，在拉伸特征操作面板上选择"实体"按钮 □，以指定生成拉伸实体。单击"放置"→"定义"按钮，系统弹出"草绘"对话框并提示用户选择草绘平面，选取 TOP 基准平面作为草绘平面，接受系统默认的参照方向。单击"草绘"按钮，进入草绘窗口。

步骤2. 单击"圆"按钮，绘制如图3-9所示图形，并修改其尺寸。修改完成后，单击"草绘器"工具栏中的按钮"√"退出草绘模式。

步骤3. 在拉伸特征操作面板的"深度"文本框中设置拉伸高度为"30"，单击"√"按钮或鼠标中键完成拉伸特征的创建，如图3-10所示。

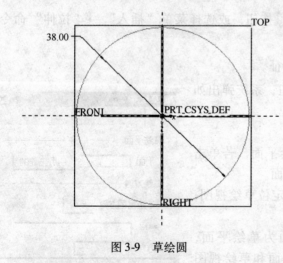

图3-9 草绘圆

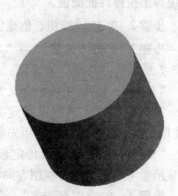

图3-10 圆的拉伸特征

3. 创建第2个拉伸特征

步骤1. 单击"拉伸"按钮，在拉伸特征操作面板上选择"实体"按钮。以指定生成拉伸实体。单击"放置"→"定义"按钮，系统弹出"草绘"对话框并提示用户选择草绘平面。单击"使用先前的"按钮，进入草绘窗口。

步骤2. 单击"通过边创建图元"按钮 □ ，单击如图3-11所示的圆弧边线1和2。

步骤3. 单击草绘工具栏中的"通过选取圆心和端点来创建圆弧"按钮 ，绘制一个圆弧，再单击"创建 2 点线"按钮绘制两条切线和两条斜线，并修改尺寸，如图 3-12 所示。

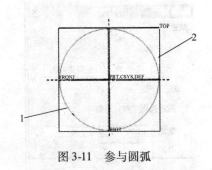

图 3-11　参与圆弧

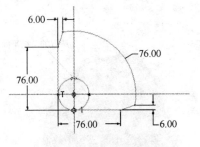

图 3-12　草图尺寸

步骤 4. 单击草绘工具栏中的"修剪"按钮 ，直接单击选取的线段，修剪多余的线条，修剪后的图形如图 3-13 所示。

步骤 5. 单击草绘工具栏中的"√"按钮，完成特征截面的绘制。

步骤 6. 在拉伸特征操作面板中修改深度值为"20"，并单击"√"按钮，完成拉伸操作。完成后的图形如图 3-14 所示。

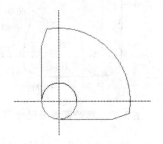

图 3-13　修剪后的图形

图 3-14　拉伸特征

4. 创建去除材料的拉伸特征

步骤 1. 单击"拉伸"按钮，在拉伸特征操作面板上选择"实体"按钮，以指定生成拉伸实体。单击"放置"→"定义"按钮，系统弹出"草绘"对话框并提示用户选择草绘平面，选取零件上表面作为草绘平面，接受系统默认的参照方向，单击"草绘"按钮，进入草绘窗口。如图 3-15 所示。

步骤 2. 单击工具栏中的"无隐藏线"按钮 ，显示框线图。

步骤 3. 单击工具栏中的"通过边创建图元"按钮 ，单击如图 3-16 所示圆弧边线 1 和 2。

步骤 4. 绘制如图 3-17 所示截面。绘制完成后按"√"按钮，退出草绘窗口。

步骤 5. 在拉伸特征操作面板中，对拉伸方式及深度进行设置，如图 3-18 所示。选择"去除材料"按钮，深度值为"10"，方向为从上向下拉伸。并单击"√"按钮，完成拉伸切除特征的创建。

5. 将文件存盘

步骤 1. 首先检查当前的工作目录设置是否正确，如果不正确，则需重新进行设置。

步骤 2. 单击主工具栏中的"保存"按钮，将零件模型存盘，文件名为"lx3-01"。

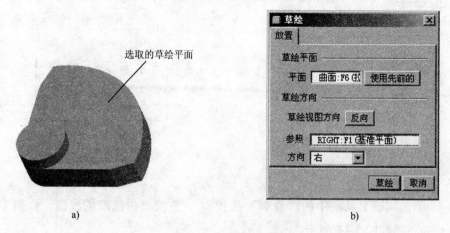

图 3-15　选取草绘及参照

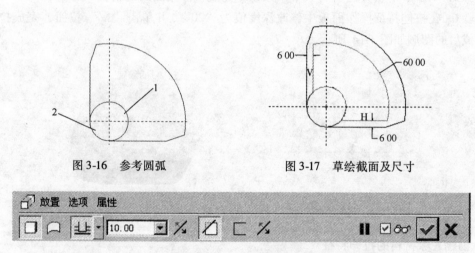

图 3-16　参考圆弧　　　　　图 3-17　草绘截面及尺寸

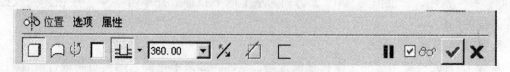

图 3-18　拉伸特征操作面板

3.3　旋转特征

旋转特征是将草绘截面绕定义的中心线旋转一定的角度创建的特征。旋转特征在创建时，需要指定剖面所在的草绘平面、剖面的形状、旋转方向以及旋转角度。

进入零件模式后，单击"旋转"按钮 ，或选择菜单"插入"→"旋转"命令，在系统主工作区下方会出现如图 3-19 所示旋转特征操作面板。

图 3-19　旋转特征操作面板

3.3.1 各图标含义

□：创建实体旋转特征。

△：创建曲面旋转特征。

⬚：自草绘平面以指定角度值旋转截面。逆时针为正，顺时针为负。

⬚：在草绘平面的两侧以指定角度值对称旋转。

⬚：将剖面旋转至一选定的点、平面或曲面。

[360.00 ▾]：指定旋转角度值。

⬚：相对于草绘平面反转特征创建方向。

⬚：去除材料。

□：创建薄板特征。

Ⅱ：暂停操作。

[☑ 6o]：预览特征。

[✓] [✗]：确定和放弃操作。

"位置"：定义特征截面。单击"定义"按钮，系统会弹出"草绘"对话框，用于选取草绘的基准平面，并且确定草绘的方向。如图 3-20 所示。

"选项"：可创建双侧旋转特征。双侧总角度值不能超过 360°。通过选取"封闭端"复选框可以创建封闭的曲面特征，如图 3-21 所示。

图 3-20　"草绘"对话框

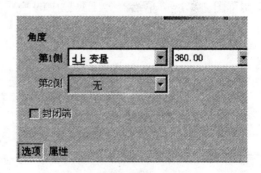

图 3-21　选项面板

"属性"：使用该面板编辑特征名称，并在浏览器中打开特征信息。

注意：草绘截面必须包含旋转轴（中心线），且截面只能位于旋转轴的一侧，截面必须封闭、无重复线。

3.3.2 创建实体旋转特征

步骤 1. 单击"旋转"按钮 ⬚，在旋转特征操作面板上选择"实体"按钮。单击"位置"→"定义"按钮，系统弹出"草绘"对话框，按要求选择草绘平面、草绘方向和参照后，单击"草绘"按钮，进入到截面草绘状态。

步骤 2. 绘制截面。截面绘制完毕后，单击草绘工具栏中的"√"按钮，退出草绘窗口。

步骤 3. 在旋转特征操作面板中选择旋转方式，输入旋转角度，并按"√"按钮，即可完成实体旋转。

3.3.3 旋转实例（图 3-22）

图 3-22 传动轴零件

1. 创建新零件文件：

单击"新建"按钮，"类型"选择为"零件"，"子类型"为"实体"，输入名称为"lx3-02"，取消"使用缺省模板"复选框，单击"确定"按钮，在弹出的"新文件选项"对话框中选择米制模板"mmns_part_solid"，单击"确定"按钮，进入零件设计窗口。

2. 创建轴实体

步骤 1. 单击特征工具栏中"旋转"按钮，在旋转特征操作面板上选择"实体"按钮，单击"位置"→"定义"按钮，进入"草绘"对话框。选择 FRONT 基准平面作为草绘平面，接受系统默认的参照方向，单击对话框中的"草绘"按钮，进入草绘窗口。

步骤 2. 单击草绘工具栏中"中心线"按钮，绘制一条水平中心线，然后按照图 3-23 所示绘制草图。单击"草绘器"工具栏中的"√"按钮，退出草绘窗口。

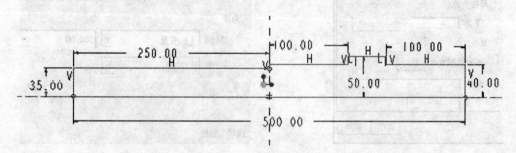

图 3-23 草图截面及尺寸

步骤 3. 接受系统默认的旋转角度值为"360"，单击"√"按钮或鼠标中键完成轴实体特征的创建，如图 3-24 所示。

图 3-24 旋转特征

3. 绘制键槽

步骤 1. 单击特征工具栏中的"拉伸"按钮，在拉伸特征操作面板上选择"实体"按钮，选择"去除材料"按钮。单击"放置"→"定义"按钮，系统打开"草绘"对话框，单击"使用先前的"按钮，进入草绘窗口。

步骤 2. 按照图 3-25 所示的草图剖面在零件上绘制草图，单击"草绘器"工具栏中的"√"按钮，退出草绘窗口。

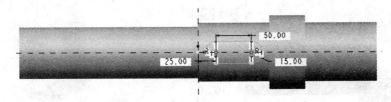

图 3-25 剪切特征草绘图

步骤 3. 单击"选项"按钮，将"第 1 侧"和"第 2 侧"都选择"穿透"，如图 3-26 所示。

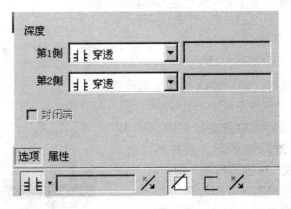

图 3-26 "选项"面板

步骤 4. 单击"√"按钮或鼠标中键完成拉伸剪切特征的创建，如图 3-27 所示。

图 3-27 完成的键槽

4. 创建中心孔

步骤 1. 单击特征工具栏中"旋转"按钮，在旋转特征操作面板上选择"实体"按钮，单击"去除材料"按钮。单击"位置"→"定义"按钮，系统打开"草绘"对话框，选择 FRONT 基准平面作为草绘平面，接受系统默认的其他参数，单击对话框中的"草绘"按钮，进入草绘窗口。

步骤 2. 单击草绘工具栏中"中心线"按钮，绘制一条水平中心线，使该中心线与参照线重合。单击"草绘"菜单栏下的"参照"，加选轴右端面线为参照，然后按照图 3-28 所示的草图剖面在零件上绘制草图。完成后，单击"草绘器"工具栏中的"√"按钮，退出草绘窗口。

步骤 3. 接受系统默认的旋转角度值"360"，单击"√"按钮或鼠标中键完成中心孔特征的创建，完成的旋转特征如图 3-29 所示。

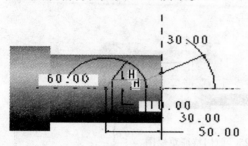

图 3-28　草图截面及尺寸

图 3-29　旋转特征

5. 保存文件

单击"保存"按钮，保存文件到指定的目录并关闭窗口。

3.4　扫描特征

将绘制的截面沿着指定的轨迹线扫描出实体或曲面，称为扫描特征。

进入零件设计窗口后，单击菜单栏中"插入"→"扫描"命令，如图 3-30 所示，选择不同的命令，可创建实体、薄板、曲面等特征。即

"伸出项"：扫描生成实体，加材料。

"薄板伸出项"：扫描生成实体，薄板特征。

"切口"：扫描生成实体，去除材料。该项必须在已有实体的情况下才可以执行。

"薄板切口"：扫描生成实体薄板，去除材料。

"曲面"：扫描生成曲面特征。

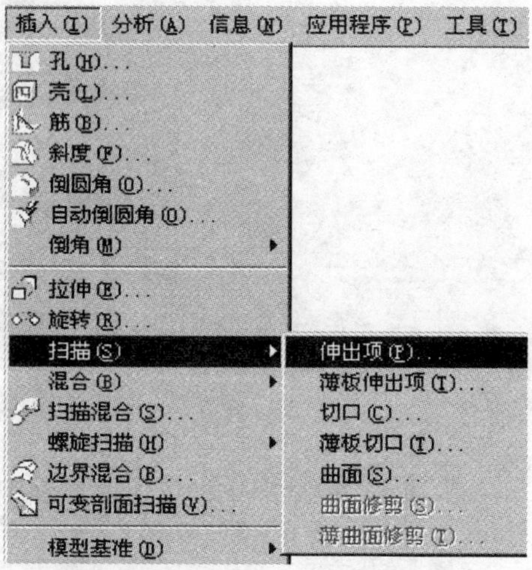

图 3-30　"扫描"命令菜单

3.4.1　创建扫描特征

步骤 1. 选择菜单栏中"插入"→"扫描"→"伸出项"命令，系统弹出如图 3-31 所示的菜单和对话框。

"扫描轨迹"菜单管理器中各命令含义为

"草绘轨迹"：草绘扫描的轨迹线。

"选取轨迹"：选取已有的曲线或边作为扫描轨迹线。

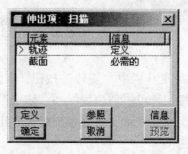

图 3-31　"扫描轨迹"菜单管理器和对话框

当选择"选取轨迹"命令时，系统弹出如图 3-32 所示的"链"菜单管理器，利用菜单管理器可采用不同的方式选取曲线。即

"依次"：一条接一条的选取方式。

"相切链"：相连且相切的边一起被选中。

"曲线链"：选取成链的基准曲线。它的下拉菜单中有"选取全部"：同一特征的基准线全部选中。"从—到"：从一点到一点之间的曲线。

"边界链"：选取一个零厚度面的边。它的下拉菜单中有"选取全部"：选中该面的所有边。"从—到"：从一点到一点之间的边。

"曲面链"：选取一个表面的边。它的下拉菜单中有"选取全部"：选中该面的所有边。"从—到"：从一点到一点之间的边。

"目的链"：选取一条边，与它同性质的边一起被选取。

"撤销选取"：取消当前选取的曲线或边。

图 3-32 "链"菜单管理器

"修剪/延伸"：修剪或延伸选取的轨迹线的端点。它的下拉菜单中有"下一个"：切换轨迹线的两个端点。

"选取"：接受所选的端点。"输入长度"：输入增量长度。"拖移"：拖动端点。"裁剪位置"：以点、曲线、面来修剪。

"起始点"：切换选取的轨迹线的开始点。

步骤 2. 单击"草绘轨迹"命令，系统弹出如图 3-33 所示的菜单管理器，单击"设置平面"→"平面"命令，选取一个平面作为草绘平面。

步骤 3. 如图 3-34a 所示，单击"方向"命令，完成草绘平面方向的设置，系统弹出如图 3-34b 所示的"草绘视图"菜单管理器。

a)　　　　　　　b)

图 3-33 "设置草绘平面"菜单管理器　　　　图 3-34 "草绘视图"菜单管理器

步骤 4. 单击"缺省"命令，完成草绘视图的定位，系统进入草绘模式。

步骤 5. 绘制草绘轨迹线后，单击"草绘"工具栏中的"√"按钮，完成扫描轨迹线的绘制。

步骤 6. 当绘制的轨迹线是封闭的时候，将出现如图 3-35 所示的"属性"菜单管理器，

截面可以是开放的，也可以是封闭的，依命令而定。当轨迹线是开放的时候，则不出现该菜单，但截面必须要封闭。

"属性"菜单管理器中各命令的含义为

"增加内部因素"：即增加内部面，选取该命令，扫描的截面不能封闭。

"无内部因素"：即不增加内部面，选取该命令，扫描的截面需要封闭。

当创建的扫描特征与已经存在的实体特征相连接时，系统会弹出如图 3-46 所示的"属性"菜单管理器，其中各命令的含义为

"合并终点"：扫描特征的端面与其他实体特征的表面合并，该选项有适用的范围。

"自由端点"：扫描特征的端面是自由的状态。

步骤 7. 进入草绘模式，绘制扫描截面。绘制完成后单击"√"按钮，完成扫描截面的绘制。

步骤 8. 单击"伸出项：扫描"对话框中的"确定"按钮，如图 3-36 所示，完成扫描特征的创建。

图 3-35 "属性"菜单管理器

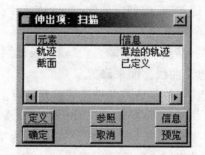

图 3-36 "伸出项：扫描"对话框

3.4.2 使用扫描特征创建零件实例：（图 3-37）

1. 建立新文件

单击工具栏中的"新建"按钮，在弹出的菜单中"类型"选择为"零件"，"子类型"选择为"实体"，并输入新文件名为"lx3-03"，取消"使用缺省模板"复选框，单击"确定"按钮。在弹出的"新文件选项"对话框中选择米制模板"mmns_part_solid"，单击"确定"按钮，进入零件设计窗口。

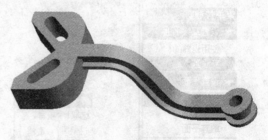

图 3-37 扫描特征实例

2. 创建拉伸实体特征

步骤 1. 单击"拉伸"按钮 ，或单击菜单栏中"插入"→"拉伸"命令，系统弹出拉伸特征操作面板，单击其中的"放置"→"定义"按钮，选取 TOP 作为草绘平面，接受系统自动选取的参考平面和方向，单击"草绘"按钮，进入草绘窗口。

步骤 2. 绘制如图 3-38 所示的截面，单击草绘工具栏中的"√"，完成特征截面的绘制。

步骤 3. 在拉伸特征操作面板中，对其进行设置，如图 3-39 所示。

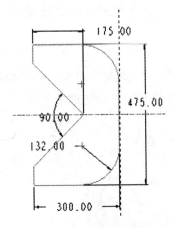

图 3-38 草图截面及尺寸

图 3-39 拉伸特征操作面板

步骤 4. 设置完成后，单击"√"按钮，完成拉伸实体特征的创建，如图 3-40 所示。

3. 创建拉伸切除材料特征

步骤 1. 单击"拉伸"按钮，在拉伸特征操作面板中单击"放置"→"定义"按钮，选择零件上表面为草绘平面，接受系统默认的参考平面和方向，单击"草绘"按钮，进入草绘窗口。

步骤 2. 绘制如图 3-41 所示的截面，单击草绘工具栏中的"√"按钮，完成截面的绘制。

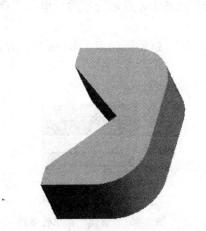

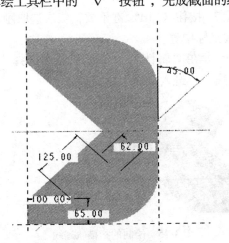

图 3-40 创建的拉伸实体特征   图 3-41 绘制的截面

步骤 3. 在拉伸特征操作面板中进行设置，如图 3-42 所示。

图 3-42 拉伸特征操作面板

步骤 4. 设置完毕后，单击"√"按钮，完成拉伸切除材料特征的创建，如图 3-43 所示。

4. 绘制扫描特征的轨迹线

步骤 1. 单击"草绘"按钮 ，或单击"插入"→"模型基准"→"草绘"命令，选取 FRONT 平面作为草绘平面，接受系统自动选取的参考平面和方向，单击"草绘"按钮，进入草绘窗口。

步骤 2. 绘制如图 3-44 所示轨迹线。

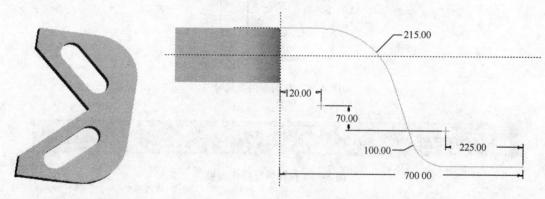

图 3-43 拉伸切除材料特征　　　　　　　　　图 3-44 轨迹线的草绘形状尺寸

步骤 3. 单击草绘工具栏中的"√"按钮，完成扫描轨迹线的绘制，如图 3-45 所示。

5. 创建扫描特征

步骤 1. 单击"插入"→"扫描"→"伸出项"命令，在"扫描轨迹"菜单管理器中选择"选取轨迹"→"依次"→"选取"命令。

步骤 2. 按住〈Ctrl〉键不放，依次选取刚才绘制的轨迹线，选取完成后，单击"确定"按钮，或鼠标中键。

步骤 3. 在"属性"菜单管理器中选择"自由端点"命令，如图 3-46 所示，并单击"完成"命令，进入截面绘制窗口。

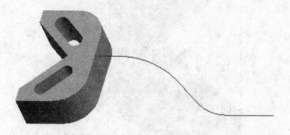

图 3-45 绘制的扫描轨迹线　　　　　　　　图 3-46 "属性"菜单管理器

步骤 4. 绘制如图 3-47a 所示截面，其三维效果如图 3-47b 所示。

步骤 5. 单击草绘工具栏中的"√"按钮，完成特征截面的草绘。

步骤 6. 单击"伸出项：扫描"对话框中的"确定"按钮，即可完成扫描特征的建立，完成的扫描特征如图 3-48 所示。

6. 创建旋转特征

步骤 1. 单击"旋转"按钮，或单击菜单栏中"插入"→"旋转"命令，在旋转特征操作面板中，单击"位置"→"定义"按钮。

步骤2. 选择 FRONT 平面作为草绘平面，接受系统默认的参考平面和方向，单击"草绘"按钮进入草绘窗口。

步骤3. 绘制如图 3-49 所示草图截面及尺寸。

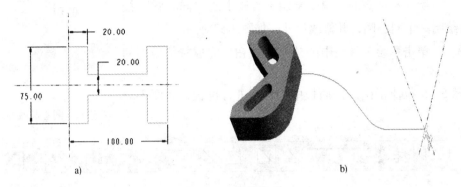

图 3-47 扫描截面

图 3-48 扫描特征

图 3-49 草图截面及尺寸

步骤4. 单击草绘工具栏中的"√"按钮，完成特征截面的绘制。

步骤5. 在旋转特征操作面板中，对其进行如图 3-50 所示的设置。

图 3-50 旋转特征操作面板

步骤6. 设置完成后，单击"√"按钮，完成旋转特征的创建，如图 3-51 所示。

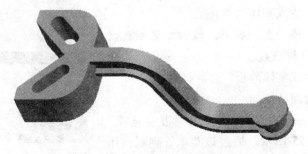

图 3-51 生成的旋转特征

7. 使用拉伸切除方式创建孔特征按钮

步骤 1. 单击"拉伸"→"放置"→"定义"按钮，选取旋转特征上表面为草绘平面，选取基准平面 RIGHT 作为参考平面，"方向"设置为右，单击"草绘"按钮进入草绘模式。

步骤 2. 将系统打开的"参照"对话框直接关闭，并单击"是"按钮，进入草绘窗口。

步骤 3. 绘制特征截面。单击草绘工具栏中的"同心圆"按钮 ◎，绘制一个同心圆，并修改尺寸，如图 3-52 所示。

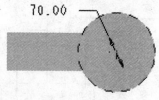
70.00

步骤 4. 单击草绘工具栏中的"√"按钮，完成特征截面的绘制。

步骤 5. 在拉伸特征操作面板中，对其进行设置，如图 3-53 所示。

图 3-52 同心圆截面及尺寸

图 3-53 拉伸特征操作面板

步骤 6. 设置完成后，单击"√"按钮，完成孔特征的创建，最终的零件模型如图 3-37 所示。

8. 将零件存盘

单击"保存"按钮，保存文件到指定的目录并关闭窗口。

3.5 混合特征

混合特征是将多个截面通过一定的方式在一起从而产生的特征。因此，产生一个混合特征必须绘制多个截面，截面的形状以及连接方式决定了混合特征最后的形状。它用于实现一个实体中含有多个不同截面的要求。

3.5.1 混合特征界面

选择"插入"→"混合"命令，如图 3-54 所示"混合"菜单。选择不同的命令，可创建实体、薄板和曲面等混合特征。即

"伸出项"：生成实体，加材料。

"薄板伸出项"：生成实体薄板特征。

"切口"：生成实体，去除材料。该命令必须在已有实体的情况下才可以执行。

"薄板切口"：生成实体薄板，去除材料。

"曲面"：生成曲面特征。

选择"伸出项"命令，系统会弹出"混合选项"菜单管理器，如图 3-55 所示。通过该菜单管理器，用户可以设置混合的类型、截面的类型以及截面的获取

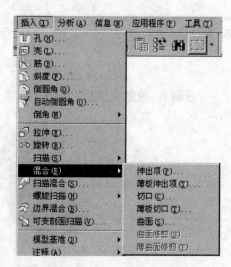

图 3-54 "混合"菜单

方式。

各命令的意义为

"平行"：所有混合截面都位于截面草绘中的多个平行平面上。

"旋转的"：混合截面绕 Y 轴旋转，最大旋转角度可达 120°，每个断面都单独草绘并与截面坐标系对齐。

"一般"：可以绕 X、Y、Z 轴旋转，也可以沿 3 个轴平移。每个截面都单独草绘并与截面坐标系对齐。

"规则截面"：使用草绘截面。

"投影截面"：使用选定曲面上的截面投影，该命令只用于平行混合，并且只适用于在实体表面投影。

图 3-55 "混合选项"菜单管理器

"选取截面"：用于选取截面图元。该命令在作平行混合时是无效的。

"草绘截面"：用于草绘截面图元。

3.5.2 混合特征产生的方式

混合特征产生的方式有平行、旋转和一般 3 种。它们的绘制原则是每个截面的顶点数或者段落数必须相等，且截面之间有特定的连接顺序。

1. 平行混合

扫描截面之间是相互平行的，所有混合截面都必须位于相互平行的不同平面上。它们的属性有直的、光滑两种，如图 3-56 所示。各属性的含义为

"直的"：指截面之间点与点以直线相连。

"光滑"：指截面之间点与点以平滑曲线相连。

图 3-57 是采用相同截面、相同深度、不同属性平行混合出的实体。

图 3-56 "属性"菜单管理器

2. 旋转混合

旋转混合特征的各截面之间通过绕 Y 轴旋转一定的角度进行连接。以该方式产生混合特征时，对每一个截面都需要定义一个坐标系，系统会根据定义的坐标系绕 Y 轴旋转，旋转的角度为 0~120°，系统默认的角度为 45°。

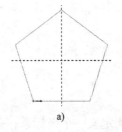
a)

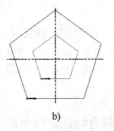
b)

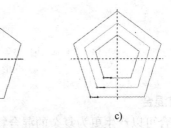
c)

图 3-57 平行混合

a) 第 1 个截面　b) 第 2 个截面　c) 第 3 个截面

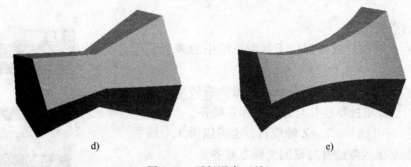

图 3-57　平行混合（续）

d）直的　e）光滑

图 3-58 是采用相同截面、相同深度、不同属性旋转混合出的实体。

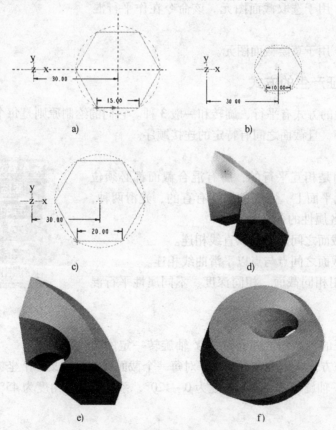

图 3-58　旋转混合

a）第 1 个截面　b）第 2 个截面　c）第 3 个截面　d）直的、开放
e）光滑、开放　f）光滑、封闭

3. 一般混合

一般混合可以产生更为复杂的混合特征。每个截面都必须定义一个坐标系，一般混合可以绕定义的坐标系的 X、Y、Z 3 个轴旋转，系统会提示用户输入 3 个旋转轴的角度，旋转角度的大小为 −120°～120°，系统默认的角度为 0。

3.5.3　混合顶点

在创建混合特征时，每一个混合截面包含的图元数必须相同，即每一个截面的端点数或者线段数必须是相等的。但在实际应用中，各截面之间的端点并不一定相等，这时就需要添加混合顶点。

添加混合顶点时，起始点不可以作为混合顶点，其余都可以。添加的方法是先选择需添加混合点的端点，然后选择"草绘"→"特征工具"→"混合顶点"命令，或者在绘图区选择好需添加的端点，再右击，在弹出的快捷菜单中选取"混合顶点"命令。系统会在选择的端点上添加一个混合顶点，以一个小圆圈来表示。

另外，当圆形与任意多边形进行混合时，可以利用分割图元使截面之间的边数相等。如"天方地圆"，截面1是四边形，截面2是圆，在两者之间进行混合，需要4个断点将圆打断，用来使两截面之间的边数相等，如图3-59所示。

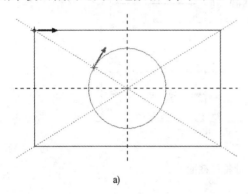
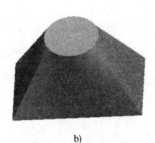

a)　　　　　　　　　　　　　　　　　　　　　b)

图 3-59　天方地圆

a）两个截面　b）生成的混合特征

但是，当其中一个截面只是一个点时，可将该点看作是任意多个混合顶点，则不必添加混合顶点。如图3-60所示的五角星。

图 3-60　五角星

3.5.4　平行混合实例（图3-61）

1. 新建文件

单击工具栏中的"新建"按钮，在弹出的"新建"对话框中"类型"选择为"零件"，

"子类型"选择为"实体"，并输入新文件名为"lx3-04"，取消"使用缺省模板"复选框，单击"确定"按钮，在弹出的"新文件选项"对话框中选择米制模板"mmns_part_solid"，单击"确定"按钮，进入零件设计窗口。

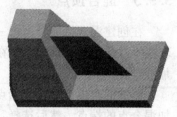

图 3-61　零件图

2. 创建第 1 个拉伸特征

步骤 1. 单击"拉伸"→"放置"→"定义"按钮，选择基准平面 TOP 为草绘平面，接受系统自动选取的参考平面，单击"草绘"按钮，进入草绘窗口。

步骤 2. 绘制如图 3-62 所示截面。绘制完毕后，按"√"按钮，退出草绘窗口。

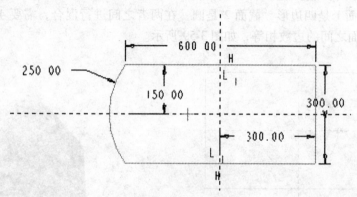

图 3-62　拉伸特征截面

步骤 3. 在拉伸特征操作面板中，对其进行设置，如图 3-63 所示。

图 3-63　拉伸特征操作面板设置

步骤 4. 设置完毕后单击"√"按钮，完成拉伸特征。完成的拉伸特征模型如图 3-64 所示。

图 3-64　拉伸特征模型

3. 创建平行混合特征

步骤 1. 单击"插入"→"混合"→"伸出项"命令。

步骤 2. 在"混合选项"菜单管理器中选择"平行"→"规则截面"→"草绘截面"命令，单击"完成"命令。如图 3-65 所示。

步骤 3. 在"属性"菜单管理器中选择"直的"命令，单击"完成"命令。如图 3-66 所示。

图 3-65　"混合选项"菜单管理器

图 3-66　"属性"菜单管理器

步骤 4. 在"设置草绘平面"菜单管理器中选择拉伸特征上表面为草绘平面。如图 3-67 所示。

图 3-67　选择拉伸特征上表面为草绘平面

步骤 5. 单击"正向"→"缺省"→"完成"命令进入草绘窗口。

步骤 6. 绘制如图 3-68 所示第 1 个截面，完成后，右击，系统自动切换剖面。

步骤 7. 绘制如图 3-69 所示第 2 个截面。绘制完毕后，单击"√"按钮。

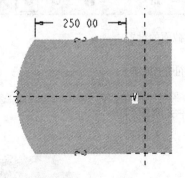

图 3-68　第 1 个截面

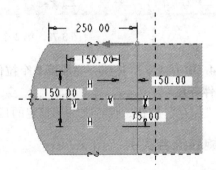

图 3-69　第 2 个截面

步骤 8. 在"深度"菜单管理器中选择"盲孔"，并单击"完成"命令，如图 3-70 所示。输入深度为"300"按〈Enter〉键。

步骤 9. 单击"伸出项：混合"对话框中的"确定"按钮，完成混合特征的创建。混合后的模型如图 3-71 所示。

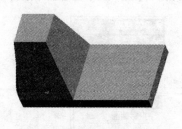

图 3-70 "深度"菜单管理　　　　　　图 3-71 完成混合的模型

4. 创建第 2 个拉伸特征

步骤 1. 单击"拉伸"→"放置"→"定义"按钮，选择草绘平面为 FRONT 平面，接受系统默认的参考平面，单击"草绘"进入草绘模式。

步骤 2. 绘制如图 3-72 所示截面，并单击"√"按钮退出草绘模式。

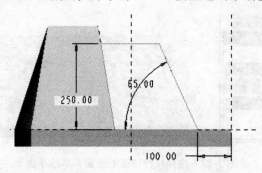

图 3-72 第 2 个拉伸截面

步骤 3. 在"拉伸"特征操作面板中，设置如图 3-73 所示。

图 3-73 第 2 个拉伸截面的设置

步骤 4. 单击"√"按钮，完成第 2 个拉伸特征的创建。

5. 零件存盘

单击"保存"按钮，保存文件到指定的目录并关闭窗口。

3.5.5 旋转混合实例（图 3-74）

1. 建立新文件

在工具栏中单击"新建"按钮，在弹出的对话框中"类型"选择为"零件"，在"子类型"中选择"实体"，输入零件名称为"lx3-05"，取消"使用缺省模板"复选框，单击"确定"按钮。在弹出的"新文件选项"对话框中选择米制模板"mmns_

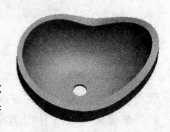

图 3-74 零件模型

part_solid"，单击"确定"按钮，进入零件设计窗口。

2. 绘制零件

步骤1. 选择"插入"→"混合"→"伸出项"命令，系统会弹出如图3-75所示"混合选项"菜单管理器，选择"旋转的"→"规则截面"→"草绘截面"→"完成"命令，系统弹出如图3-76所示"伸出项：混合，旋转的"对话框和图3-77所示"属性"菜单管理器。选择"光滑"→"开放"→"完成"命令，系统打开如图3-78所示的"设置草绘平面"菜单管理器。选取FRONT基准平面作为草绘平面，弹出如图3-79所示的"方向"菜单。选择"正向"命令，弹出如图3-80所示的"草绘视图"菜单。选择"缺省"命令，进入草绘窗口。

图3-75　"混合选项"菜单管理器

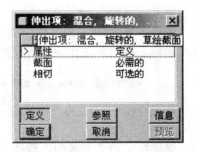

图3-76　"伸出项：混合，旋转的"对话框

图3-77　"属性"菜单管理器

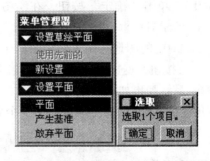

图3-78　"设置草绘平面"菜单管理器

图3-79　"方向"菜单

图3-80　"草绘视图"菜单

步骤 2. 按照图 3-81 所示的草绘截面绘制草图，完成第 1 个截面的绘制。

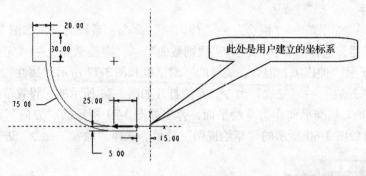

图 3-81　第 1 个截面

步骤 3. 选择"文件"→"保存副本"命令，将刚才完成的截面保存为"jm01"。

步骤 4. 单击"草绘器"工具栏中的"√"按钮，退出草绘模式。此时系统会弹出如图 3-82 所示的提示框，要求用户输入截面 2 绕 Y 轴旋转角度，即输入"30"。

图 3-82　输入角度提示

步骤 5. 继续绘制第 2 个截面。选择"草绘"→"数据来自文件"→"文件系统"命令，在打开的对话框中，找到刚才保存的"jm01"，单击"确定"按钮，在绘图区任意单击一点，出现如图 3-83 所示对话框，输入比例为"1"，旋转为"0"，单击"√"按钮，jm01 的图形被调入到绘图区中。不必修改尺寸，直接单击"√"按钮，退出第 2 个截面的绘制。

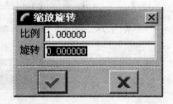

图 3-83　"缩放旋转"对话框

步骤 6. 系统弹出如图 3-84 所示提示框，输入"Y"并单击"是"按钮，输入第 3 个截面的旋转角度为"60"，并继续绘制第 3 个截面，如图 3-85 所示。

图 3-84　继续下一截面对话框

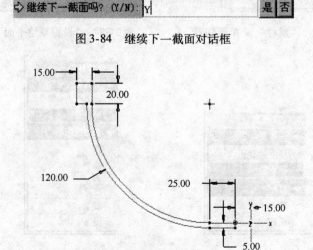

图 3-85　第 3 个截面

步骤 7. 继续绘制第 4 个截面。设置旋转角度为 "60"，截面图形如图 3-86 所示。

步骤 8. 继续绘制第 5 个截面，设置旋转角度为 "30"，截面图形如图 3-87 所示。绘制完成后，系统会询问用户是否需要绘制下一个截面，单击 "否" 按钮，即可退出截面的绘制。

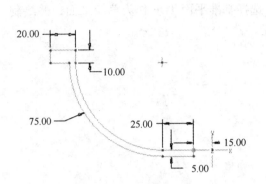

图 3-86　第 4 个截面

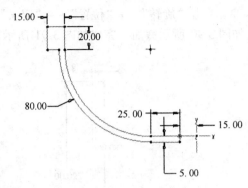

图 3-87　第 5 个截面

步骤 9. 在 "伸出项：混合，旋转的" 对话框中，单击 "预览" 按钮，即可查看生成的旋转混合特征，如图 3-88 所示。

步骤 10. 在 "伸出项：混合，旋转的" 对话框中，选取属性选项，单击 "定义" 按钮，系统会弹出属性菜单管理器，选择 "光滑" → "封闭的" → "完成" 命令。再次单击 "预览" 按钮，则会生成封闭的旋转混合特征。单击 "确定" 按钮，完成旋转混合特征的创建。

3. 保存文件

单击 "保存" 按钮，保存文件到指定的目录并关闭窗口。

3.5.6　一般混合实例

创建如图 3-89 所示零件，此零件的中央部位为螺旋体，此螺旋体是由 8 个绕着圆柱中心轴的螺旋形截面混合而成，而截面的中心轴为 Z 轴，并非 Y 轴。因此，在以混合的方式创建特征时，截面的分布必须选择为 "一般"。

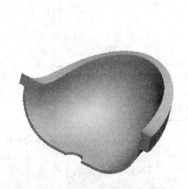

图 3-88　开放属性旋转混合特征

图 3-89　一般混合零件图

1. 创建新的零件文件

在工具栏中单击 "新建" 按钮，在弹出的对话框中 "类型" 选择为 "零件"，在 "子类型"中选择"实体",输入零件名称为"lx3-06",取消"使用缺省模板"复选框,单击"确定"按钮。在弹出的"新文件选项"对话框中选择米制模板"mmns_part_solid",单击"确定"按钮,进入零件设计窗口。

2. 创建圆柱体,作为第 1 个实体特征

单击"旋转"→"位置"→"定义"命令,选择基准平面 TOP 作为草绘平面,并绘制如图 3-90 所示截面,完成如图 3-91 所示旋转特征。

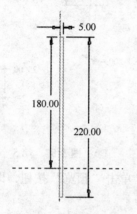

图 3-90　旋转特征截面　　　　　　图 3-91　完成的旋转特征

3. 以混合方式创建实体特征

步骤 1. 单击"插入"→"混合"→"伸出项"命令。

步骤 2. 在弹出的菜单管理器中选择"一般"→"规则截面"→"草绘截面"→"完成"命令。

步骤 3. 在弹出的"属性"菜单管理器中,选择"光滑"→"完成"命令。

步骤 4. 在"设置草绘平面"菜单管理器中,选择 FRONT 平面作为草绘平面,方向设置如图 3-92 所示(当方向相反时,先单击"反向"命令,再单击"正向"命令)。再单击"缺省"命令进入第 1 个截面的草绘窗口。

步骤 5. 绘制如图 3-93 所示截面(注意:必须要包含坐标系)。

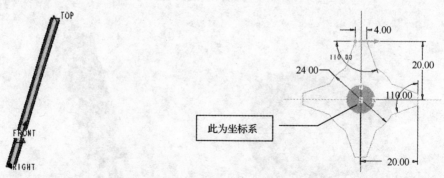

图 3-92　设置草绘平面　　　　　　图 3-93　草绘的第 1 个截面

步骤 6. 将第 1 个截面存盘。单击"文件"→"保存副本"→选择目录→输入文件名"jm02"→"确定"按钮。

步骤 7. 单击草绘工具栏中的"√"按钮,退出第 1 个截面的草绘窗口。

步骤 8. 系统要求用户输入截面 2 的 X 轴旋转角度，输入"0"，如图 3-94 所示。

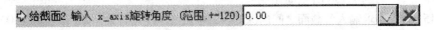

图 3-94　X 轴旋转角度

步骤 9. 系统要求输入截面 2 的 Y 轴旋转角度，输入"0"，如图 3-95 所示。

图 3-95　Y 轴旋转角度

步骤 10. 系统要求输入截面 2 的 Z 轴旋转角度，输入"45"，如图 3-96 所示。

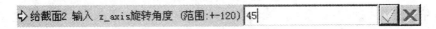

图 3-96　Z 轴旋转角度

步骤 11. 绘制第 2 个截面。选择"草绘"→"数据来自文件"→"文件系统"命令，如图 3-97 所示。在弹出的对话框中选择刚才保存的文件"jm02"，并单击"打开"按钮。

步骤 12. 在绘图区任意位置单击，系统弹出如图 3-98 所示"缩放旋转"对话框，在对话框中输入比例为"1"，旋转为"0"，并单击"√"按钮。不改动任何数据，直接单击草绘工具栏中的"√"按钮，退出第 2 个截面的绘制。

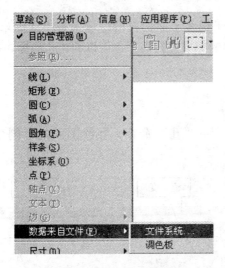

图 3-97　调用已有截面

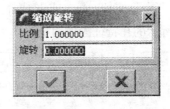

图 3-98　"缩放旋转"对话框

步骤 13. 系统将弹出如图 3-99 所示对话框，单击"是"按钮，输入 X 轴旋转角度为"0"，Y 轴旋转角度为"0"，Z 轴旋转角度为"45"，继续绘制第 3 个截面。

图 3-99　"继续下一截面"对话框

步骤 14. 重复执行步骤 11～13，直到绘制完成第 8 个截面后，在"继续下一截面"对话框中选择"否"按钮，退出截面绘制。

步骤 15. 系统要求输入各截面之间的深度，将各截面深度设置为"20"，如图 3-100 所示。

图 3-100　截面深度对话框

步骤 16. 深度设置完毕后，单击"伸出项：一般，混合"对话框中的"确定"按钮，完成一般混合特征的创建。

4. 保存文件

单击"保存"按钮，保存文件到指定的目录并关闭窗口。

3.6　孔特征

3.6.1　孔特征的类型

孔特征一共有三种类型。

（1）直孔　最简单的孔特征类型。它放置曲面并延伸到指定的终止曲面或者用户定义的深度。

（2）草绘孔　由草绘截面定义的孔特征类型。可产生有锥顶开头和可变直径的圆形截面，例如，阶梯轴、沉头孔及锥形孔等。

（3）标准孔　有基本形状的螺孔。是基于相关工业标准的，可带有不同的末端形状、标准沉头和埋头孔。用户既可以利用系统提供的标准查找表，也可以创建孔图标。系统会自动创建标准孔的螺纹注释。

3.6.2　孔特征对话框

单击"孔"按钮 ，或者选择"插入"→"孔"命令，在绘图区的下侧会弹出如图 3-101 所示的孔特征操作面板。

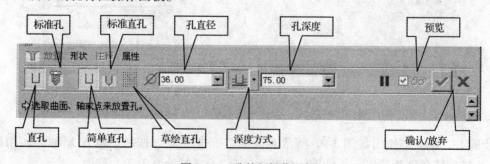

图 3-101　孔特征操作面板

1. 直孔和标准孔

（1）直孔　直孔特征为系统默认的命令，又可分为"简单直孔"、"标准直孔"和"草绘直孔"三种。

1)"简单直孔":使用预定义矩形作为钻孔轮廓。其操作面板如图 3-102 所示。

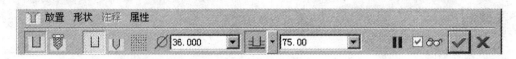

图 3-102　简单直孔操作面板

2)"标准直孔":使用标准孔轮廓作为钻孔轮廓,可以生成沉孔和埋头孔。其操作面板如图 3-103 所示。

图 3-103　标准直孔操作面板

3)"草绘直孔":使用草绘器创建孔轮廓,从而完成草绘孔的创建。草绘孔轮廓时其特征生成与旋转一样,只绘制旋转轴一侧的轮廓,且必须要有旋转轴。其操作面板如图 3-104 所示。

图 3-104　草绘直孔操作面板

(2)标准孔　打开标准孔操作面板,如图 3-105 所示。

图 3-105　标准孔操作面板

2. 上滑面板中各项含义

孔特征操作面板中包含"放置"、"形状"、"注释"和"属性" 4 个上滑面板。

"放置":单击该按钮,可分别指定孔的放置平面、定位方式、定位参考及尺寸。如图 3-106 所示。其中,"放置":用于指定放置孔的主参照。"反向":用于将打孔方向反向。"类型":用于指定孔定位方式。"偏移参照":用于指定孔的定位参考及定位尺寸。当在"放置"中选择某一轴时,该项不可使用。

"形状":单击该按钮,可显示孔的形状及其尺寸,并可设定孔的生成方式,以及修改的尺寸,如图 3-107 所示。

"注释":该按钮仅在创建标准孔时才被激活,用于显示标准孔的信息。如图 3-108 所示。

"属性":该按钮用于显示孔特征的相关信息,可更改孔的名称等。如图 3-109 所示。

图 3-106　放置面板

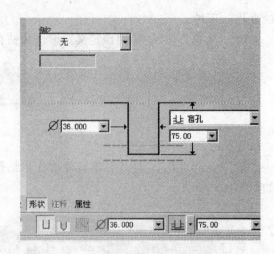

图 3-107　形状面板

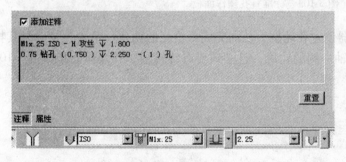

图 3-108　注释面板

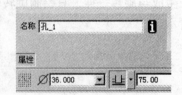

图 3-109　属性面板

3. 6. 3　孔的定位方式

创建孔时必须指定孔心的位置，系统提供了 4 种定位方式，分别是"线性"、"径向"、"直径"、"同轴"。

（1）"线性"　相对于定位参考，以线性距离来标注孔的轴线位置。

（2）"径向"　以极坐标形式来标注孔的轴线位置，即标注孔的轴线到参考轴线的距离（该距离值以半径表示），孔的轴线与参考轴线之间连线与参考平面的夹角。标注时必须指定参考的基准轴、平面及其极坐标值。

（3）"直径"　与"径向"方式相同，即以极坐标形式来标注孔的轴线位置，但以直径形式标注孔的轴线到参考轴线的距离。

（4）"同轴"　以选定的一轴线为参考，使创建的孔轴线与参考轴重合。

3. 6. 4　孔特征的实例

在零件上添加直孔、草绘孔，创建出如图 3-110 所示的孔特征零件。

1. 建立新文件

在工具栏中单击"新建"按钮，在弹出的对话框中"类型"选择为"零件"，在"子类型"中选择"实体"，输入零件名称为"lx3-07"，取消"使用缺省模板"复选框，单击

"确定"按钮。在弹出的"新文件选项"对话框中选择米制模板"mmns_part_solid",单击"确定"按钮,进入零件设计窗口。

2. 创建第 1 个拉伸实体特征

步骤 1. 单击"拉伸"→"放置"→"定义"按钮,选择 TOP 基准平面作为草绘平面,接受系统自动给出的参考平面和方向,单击"草绘"按钮,进入草绘窗口。

步骤 2. 绘制如图 3-111 所示截面,并单击"√"按钮,退出草绘窗口。

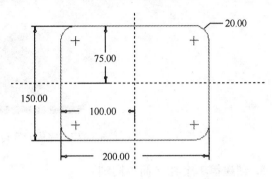

图 3-110　孔特征零件　　　　　　　　　图 3-111　第 1 个拉伸截面

步骤 3. 在拉伸特征控制面板中设置拉伸深度为"5"。并单击"√"按钮,完成拉伸特征的创建。

步骤 4. 完成的拉伸实体如图 3-112 所示。

3. 创建第 2 个拉伸实体特征

步骤 1. 单击"拉伸"→"放置"→"定义"按钮,选择第 1 个拉伸实体的上表面作为草绘平面,接受系统自动给出的参考平面和方向,单击"草绘"按钮,进入草绘窗口。

步骤 2. 绘制如图 3-113 所示截面,并单击"√"按钮退出草绘窗口。

步骤 3. 在拉伸特征控制面板中设置拉伸深度为"40"。并单击"√"按钮,完成的拉伸实体如图 3-114 所示。

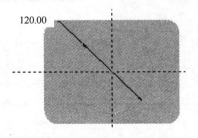

图 3-112　完成的第 1 个拉伸实体　　　图 3-113　第 2 个拉伸截面　　　图 3-114　完成的第 2 个拉伸实体

4. 旋转去除材料特征的创建

步骤 1. 单击"旋转"→"位置"→"定义"按钮,选择 FRONT 基准平面作为草绘平面,接受系统自动给出的参考平面和方向,单击"草绘"按钮,进入草绘窗口。

步骤 2. 绘制如图 3-115 所示截面,并单击"√"按钮退出草绘窗口。

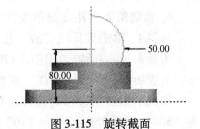

图 3-115　旋转截面

步骤 3. 在旋转特征操作面板中进行设置，如图 3-116 所示，并单击"√"按钮，完成的图形如图 3-117 所示。

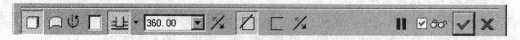

图 3-116　旋转特征操作面板

图 3-117　完成的旋转去除材料特征

5. 创建第 1 个孔（简单同轴）

步骤 1. 单击工具栏中的"孔"按钮，或选择菜单栏中"插入"→"孔"命令。

步骤 2. 孔的设置。如图 3-118 所示，"放置"中选择创建旋转特征中的轴，以及圆柱的上表面，并设置孔直径为"30"。

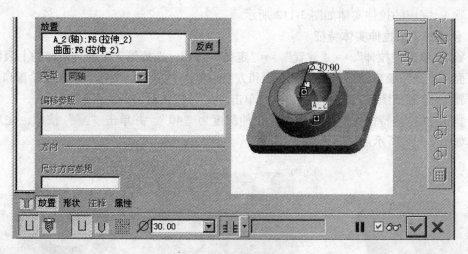

图 3-118　孔特征的设置

步骤 3. 设置完成后，单击"√"按钮，完成的孔特征如图 3-119 所示。

6. 创建第 2 个孔（简单线性）

步骤 1. 单击工具栏中的"孔"按钮。

步骤 2. 孔的设置。如图 3-120 所示，"放置"中选择长方体的上表面，"类型"选择"线性"，"偏移参照"中选择长方体的两个侧面（选择时按住〈Ctrl〉键），将其偏移值设置为"20"，并设置孔直径为"20"。

图 3-119　完成的孔特征

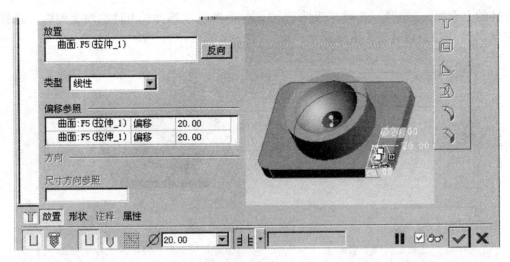

图 3-120 孔放置面板

步骤 3. 设置完成后，单击"√"按钮，完成的孔如图 3-121 所示。

7. 创建第 3 个孔（草绘）

步骤 1. 单击工具栏中的"孔"按钮。

步骤 2. 在孔特征操作面板中，单击"使用草绘定义钻孔轮廓"按钮，再单击"草绘"按钮，如图 3-122 所示。

图 3-121 完成的简单孔实体

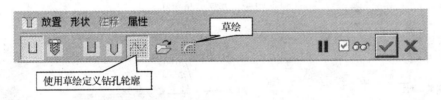

图 3-122 孔特征操作面板

步骤 3. 在草绘窗口中绘制如图 3-123 所示图形。绘制完毕后单击"√"按钮退出草绘窗口。

步骤 4. 孔的设置。如图 3-124 所示，"放置"中选择长方体的上表面，"类型"选择"线性"，"偏移参照"中选择长方体的两个侧面（选择时按住〈Ctrl〉键），将其偏移值设置为"30"。

步骤 5. 设置完成后单击"√"按钮，完成的孔如图 3-125 所示。

8. 创建第 4 个孔（简单线性）

步骤 1. 单击工具栏中的"孔"按钮。

步骤 2. 孔的设置。如图 3-126 所示，"放置"中选择

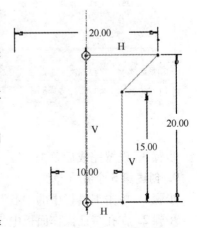

图 3-123 草绘孔截面图

长方体的上表面，"类型"选择"线性"，"偏移参照"中选择长方体的两个侧面（选择时按住〈Ctrl〉键），将其偏移值设置为"20"，并设置孔直径为"20"。

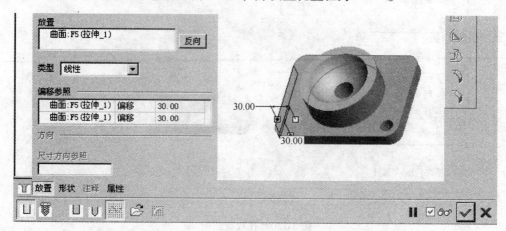

图 3-124　第 3 个孔的设置

图 3-125　完成的草绘孔

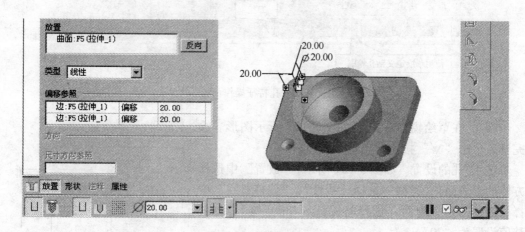

图 3-126　孔放置面板

步骤 3. 设置完成后单击"√"按钮，完成的孔如图 3-127 所示。

9. 创建第 5 个孔（草绘）

步骤 1. 单击工具栏中的"孔"按钮。

步骤 2. 在孔特征操作面板中，单击"使用草绘定义钻孔轮廓"，再单击"草绘"按钮，如图 3-128 所示。

图 3-127 完成的第 4 个简单线性孔

图 3-128 孔特征操作面板

步骤 3. 在草绘窗口中，绘制如图 3-129 所示图形。绘制完毕后单击"√"按钮，退出草绘窗口。

步骤 4. 孔的设置。"放置"中选择长方体的上表面，"类型"选择"线性"，"偏移参照"中选择长方体的两个侧面（选择时按住〈Ctrl〉键），将其偏移值设置为"30"。如图 3-130 所示。

步骤 5. 设置完成后单击"√"按钮，完成的孔特征零件如图 3-110 所示。

10. 保存文件

单击"保存"按钮，保存文件到指定的目录并关闭窗口。

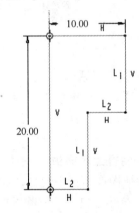

图 3-129 第 5 个孔的草绘截面

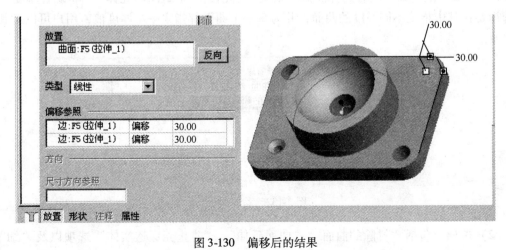

图 3-130 偏移后的结果

3.7 壳特征

壳特征是零件建模中很重要的工程特征，它能够使一些复杂的工作变得简单。壳特征可将实体只留有一个特定的壁厚；可以选定一个或者多个曲面作为壳移除的参照面。如果用户没有选定要移除的曲面，系统会自动的创建一个封闭的壳体，即内部空心，没有入口。在定义壳时，也可以选取要在其中指定不同厚度的曲面，可以为每个曲面指定单独的厚度值，但无法输入负值或者是反向的厚度值，厚度侧由壳的默认厚度确定。

3.7.1 壳特征的创建

单击工程特征工具栏上的"壳"按钮 ，或者选择"插入"→"壳"命令，在绘图区的下侧会弹出如图 3-131 所示的壳特征操作面板。从中可以看出，壳特征操作面板由两部分组成：对话框及上滑面板。

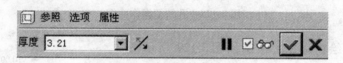

图 3-131　壳特征操作面板

1. 壳特征对话框

壳特征对话框中包括"厚度"文本框和"反向"按钮。其中文本框用来输入壳体的厚度值，或者从下拉列表中选择最近使用过的数值。而"反向"按钮则表示反转壳体创建的创建侧。

2. 壳特征上滑面板

壳特征操作面板中包含"参照"、"选项"和"属性"三个上滑面板。

（1）参照　包括"移除的曲面"和"非缺省厚度"两个选项，如图 3-132 所示。其中，"移除的曲面"用于选取要移除的曲面，可以选择一个或多个曲面，在选择多个曲面时，需要按住〈Ctrl〉键。如果没有选择曲面，系统则会创建一个封闭的壳体。"非缺省厚度"用于选择要在其中指定不同厚度的曲面，并为每一个曲面都指定一个厚度值，用户可以对其进行修改。

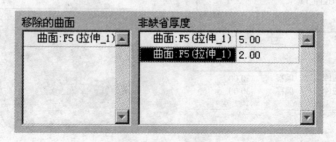

图 3-132　参照面板

（2）选项　包括"排除的曲面"、"曲面延伸"、"防止壳穿透实体"选项以及"细节"

按钮，如图 3-133 所示。其中，"排除的曲面"用于选择一个或多个要从壳中排除的曲面，如果未选择任何要排除的曲面，系统则会壳化整个零件。"细节"按钮用来添加或移除曲面的"曲面集"对话框，如图 3-134 所示。"曲面延伸"选项包括延伸内部曲面以及延伸排除的曲面，其中延伸内部曲面表示在壳特征的内部曲面上形成一个盖，而延伸排除的曲面则表示在壳特征的排除曲面上形成一个盖。"防止壳穿透实体"选项包括凹角和凸角两个单选按钮，"凹角"表示防止壳切削穿透凹角处的实体，而"凸角"则表示防止壳切削穿透凸角处的实体。

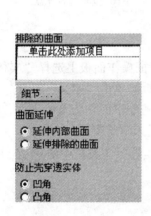

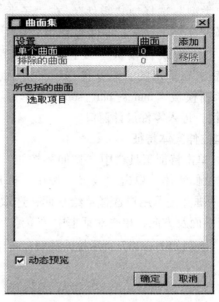

图 3-133　选项面板　　　　　　　　　图 3-134　"曲面集"对话框

（3）属性　包含特征名称和用于访问特征信息的图标，在"名称"中可以修改壳体名称，单击 **i** 按钮则会显示壳体的相关特征信息，如图 3-135 所示。

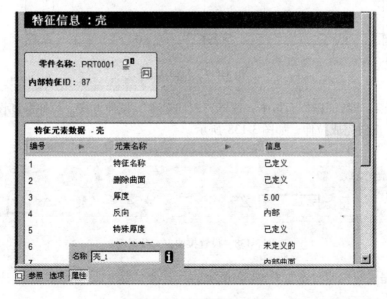

图 3-135　显示壳特征信息

3.7.2　壳特征实例

创建如图 3-136 所示的名片盒，通过实例了解和掌握壳特征的创建方法。

1. 建立新文件

在工具栏中单击"新建"按钮，在弹出的对话框中"类型"选择为"零件"，在"子类型"中选择"实体"，输入零件名称为"lx3-08"，取消"使用缺省模板"复选框，单击"确定"按钮。在弹出的"新文件选项"对话框中选择米制模板"mmns_part_solid"，单击"确定"按钮，进入零件设计窗口。

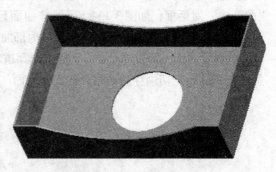

图 3-136　名片盒

2. 创建拉伸实体特征

步骤 1. 单击特征工具栏中"拉伸"按钮，在拉伸特征操作面板上选择"实体"按钮，以指定生成拉伸实体。单击"放置"按钮，打开上滑面板。单击"定义"按钮，系统弹出"草绘"对话框并提示用户选择草绘平面，选取 FRONT 基准平面作为草绘平面，接受系统默认的参照平面及方向，单击对话框中"草绘"按钮，进入草绘窗口。

步骤 2. 绘制如图 3-137 所示拉伸截面，再单击"草绘器"工具栏中的 ✓ 按钮退出草绘窗口。

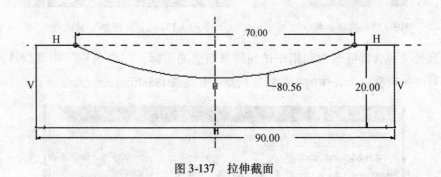

图 3-137　拉伸截面

步骤 3. 在拉伸特征操作面板中，选择"双向对称"拉伸方式，拉伸深度设置为"56"，并单击"√"按钮完成拉伸，如图 3-138 所示。

图 3-138　设置拉伸方式及深度

步骤 4. 完成的拉伸实体如图 3-139 所示。

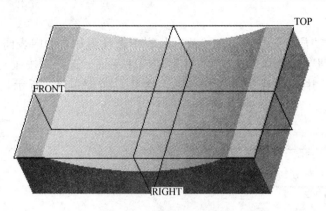

图 3-139 完成的拉伸实体

3. 创建壳特征

单击工程特征工具栏上的"壳"按钮，选择如图 3-140 所示的上表面作为去除表面，在"厚度"中输入壳体的厚度为"0.8"，单击"√"按钮或鼠标中键完成名片盒壳体特征的创建，完成的名片盒壳体如图 3-141 所示。

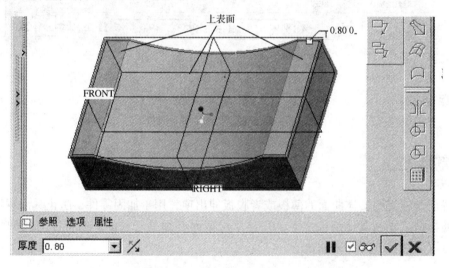

图 3-140 选择去除表面

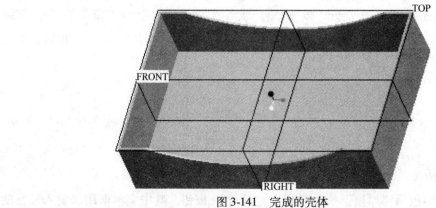

图 3-141 完成的壳体

4. 创建孔特征

单击"孔"→"放置"按钮,在"放置"栏中选择名片盒的内表面,"类型"选择为"线性","偏移参照"中选择 FRONT 平面和 RIGHT 平面,选择时按住〈Ctrl〉键,将其偏移值设置为"0",并设置孔直径为"30",通孔,如图 3-142 所示。完成的名片盒如图 3-136 所示。

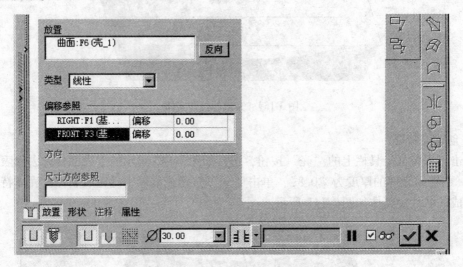

图 3-142　孔特征面板

5. 保存文件

单击"保存"按钮,保存文件到指定的目录并关闭窗口。

3.8　筋特征

筋特征是连接到实体曲面的薄板或者腹板伸出项,用于加固零件,防止其出现不必要的弯折。筋特征必须在其他特征之上,并且草绘截面必须是开放的。筋特征与拉伸特征相类似,也可以通过拉伸特征来创建。

3.8.1　筋特征的创建

单击工程特征工具栏上的"筋"按钮 ,或者选择"插入"→"筋"命令,在绘图区的下侧会弹出如图 3-143 所示的筋特征操作面板。它由两部分组成:对话框及上滑面板。

图 3-143　筋特征操作面板

1. 筋特征对话框

筋特征对话框中包括"厚度"文本框以及"反向"按钮。其中文本框用来输入筋板的厚度值，或者从下拉列表中选择最近使用过的数值。而"反向"按钮则表示是在草绘平面的单侧或者以草绘平面为对称面来创建特征，系统默认以草绘平面为对称面来创建筋特征的。

2. 筋特征上滑面板

筋特征操作面板中包含"参照"和"属性"两个上滑面板。

（1）参照　单击筋特征操作面板中的"参照"按钮，会弹出如图 3-144 所示的"参照"上滑面板。单击"定义"按钮，系统会弹出"草绘"对话框，提示用户选取筋特征的草绘平面，如图 3-145 所示。"参照"上滑面板中的"反向"按钮，用来切换筋特征草绘的材料方向。

图 3-144　"参照"上滑面板

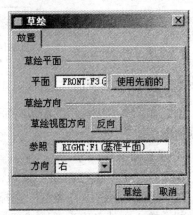

图 3-145　"草绘"对话框

在草绘筋板截面时，需要注意的是草绘的截面必须是单一的开放环，连续的非相交草绘图元并且草绘端点必须与形成封闭区域的连接曲面对齐。

筋板特征分为直的与旋转两种，系统会根据与其相连接的几何自动进行设置。直的筋板表示连接的表面为直曲面筋特征向一侧拉伸或者关于草绘平面对称拉伸，如图 3-146 所示。旋转筋板表示连接到旋转曲面，筋的角形曲面是锥形的，而非平面的，绘图面会通过某一轴为对称特征的旋转轴，因此其产生的圆锥形的曲面外形，平面之间的距离与筋和连接几何的厚度是相等的，如图 3-147 所示。

图 3-146　直的筋板

图 3-147　旋转筋板

（2）属性　包含特征名称和用于访问特征信息的图标。在"名称"文本框中可以修改筋特征的名称，单击 **i** 按钮会显示筋板特征的相关信息，如图 3-148 所示。

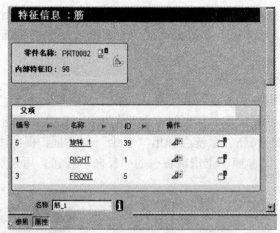

图 3-148　显示筋板特征的相关信息

3.8.2　筋特征实例

创建如图 3-149 所示的筋板特征，通过实例了解和掌握筋板特征的创建方法。

1. 建立新文件

在工具栏中单击"新建"按钮，或选择"文件"→"新建"命令，在弹出的对话框中"类型"选择"零件"，在"子类型"中选择"实体"，输入零件名称为"lx3-09"，取消"使用缺省模板"复选框，单击"确定"按钮。在弹出的"新文件选项"对话框中选择米制模板"mmns_part_solid"，单击"确定"按钮，进入零件设计窗口。

图 3-149　筋特征零件

2. 创建实体特征

步骤 1. 单击特征工具栏中的"旋转"按钮，在旋转特征操作面板中单击"位置"→"定义"按钮，选择 FRONT 基准平面为草绘平面，接受系统给定的参照平面及方向，单击"草绘"按钮，进入草绘窗口。绘制如图 3-150 所示旋转截面，单击"草绘器"工具栏中的"√"按钮退出草绘窗口。

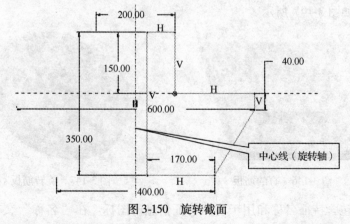

图 3-150　旋转截面

步骤 2. 接受系统默认的旋转角度值为"360"，单击"√"按钮或鼠标中键完成实体特征的创建，如图 3-151 所示。

3. 创建筋特征

步骤 1. 单击工程特征工具栏上的"筋"按钮，在绘图区的下侧会弹出筋特征操作面板，单击"参照"按钮，系统弹出"参照"的上滑面板，单击"定义"按钮，弹出"草绘"对话框，在绘图区选取 FRONT 基准平面作为草绘平面，接受系统默认的参照方向，单击对话框中的"草绘"按钮，进入草绘窗口。

步骤 2. 在工具栏中选择"草绘"→"参照"命令，系统弹出如图 3-152 所示"参照"对话框，添加如图 3-153 所示的边为参照。

图 3-151　完成的旋转实体

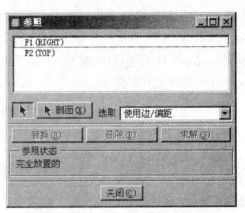

图 3-152　"参照"对话框

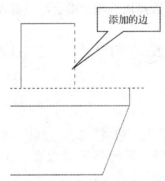

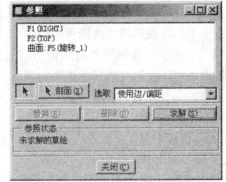

图 3-153　添加边为参照

步骤 3. 按照图 3-154 所示草绘筋特征的截面。完成后，单击"草绘器"工具栏中的"√"按钮退出草绘窗口。

步骤 4. 在筋特征的"厚度"文本框中输入厚度值为"40"，接受系统默认的方向是在草绘平面的两侧对称创建。单击"√"按钮或鼠标中键完成筋特征的创建。

4. 保存文件

单击"保存"按钮，保存文件到指定的目录并关闭窗口。

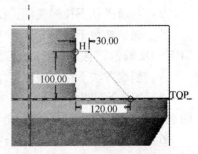

图 3-154　草绘筋特征的截面

3.9　倒圆角特征

倒圆角特征在设计中起着重要的作用，它是指将零件的一条或数条边、链以及曲面之间通过添加半径形成圆弧面。

3.9.1　创建倒圆角特征

1. 创建命令及步骤

步骤 1. 单击工程特征工具栏上的"倒圆角"按钮 ，或者选择"插入"→"倒圆角"命令。

步骤 2. 在绘图区下侧弹出如图 3-155 所示的倒圆角特征操作面板。其操作面板由两部分组成：对话框和上滑面板。

图 3-155　倒圆角特征操作面板

步骤 3. 对各项进行相应的设置，设置完毕，单击"√"按钮。

2. 倒圆角特征对话框

倒圆角对话框中包含"设置模式"按钮、"过渡模式"按钮以及半径文本框。

（1）设置模式　用来处理倒圆角集。系统默认选择该选项，提示用户选择要倒圆角的参照，默认设置用于具有圆形截面倒圆角的选项。

（2）过渡模式　用于定义倒圆角特征的所有过渡。它可设置显示当前过渡的默认过渡形式，并包含基于几何环境的有效过渡类型的列表。

（3）半径文本框　用于设置倒圆角的半径值。

3. 倒圆角特征上滑面板

倒圆角特征操作面板中包含"设置"、"过渡"、"段"、"选项"以及"属性"5 个上滑面板。

（1）设置　单击操作面板中的"设置"按钮，系统弹出"设置"上滑面板，如图 3-156 所示，"过渡"上滑面板如图 3-157 所示。

1）设置框：包含当前倒圆角特征的所有倒圆角集，用于添加、移除倒圆角集或者选取倒圆角集进行修改。

2）截面形状下拉列表框：用于控制当前活动倒圆角集的截面形状。

3）圆锥参数下拉列表框：用于控制当前圆锥倒圆角的角度。即当选择了"圆锥"或"D1×D2 圆锥"截面形状时此列表框才可用。系统默认的角度值为 0.5。

4）创建方法下拉列表框：用于控制倒圆角集的创建方法。

5）"完全倒圆角"按钮：将活动的倒圆角集切换为完全倒圆角，或允许使用第三个曲面来驱动曲面到曲面完全倒圆角，如图 3-158d 所示。

6）"通过曲线"按钮：允许由选定的曲线驱动活动的倒圆角半径，以创建由曲线驱动倒圆角，如图 3-158c 所示。

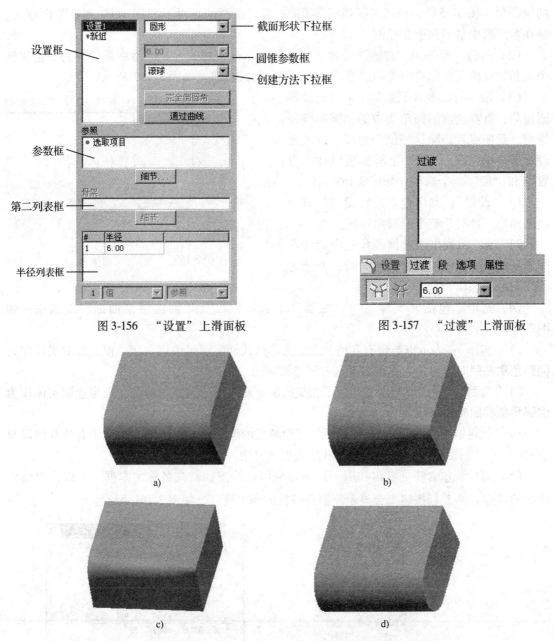

图 3-156　"设置"上滑面板　　　　　　图 3-157　"过渡"上滑面板

图 3-158　圆角类型

a）恒定圆角　b）可变圆角　c）由曲线驱动倒圆角　d）完全倒圆角

7）参照框：包含为倒圆角集选取的有效参照。

8）第二列表框：根据活动的倒圆角类型，可激活以下不同的列表框。驱动曲线表示由该曲线驱动倒圆角半径来创建由曲线驱动的倒圆角；驱动曲面表示包含将由完全倒圆角替换的曲面参照；骨架包含用于"垂直于骨架"或"可变"曲面至曲面的倒圆角集。

9）"细节"按钮：用于打开"链"对话框以便修改链属性。

10）半径列表框：控制活动的倒圆角集半径的距离和位置。完全倒圆角或由曲线驱动的倒圆角（图 3-158），该列表框是不可用的。需要注意的是对于"D1 × D2 圆锥"倒圆角，会在参照板中显示两个半径框。

（2）过渡　要使用"过渡"上滑面板必须激活过渡模式，其上滑面板的列表中包含整个圆角特征的所有用户定义的过渡。它可以用来修改过渡，如图 3-157 所示。

（3）段　可以查看倒圆角特征的全部倒圆角集，查看当前倒圆角集中的倒圆角段并修剪、延伸或者排除这些倒圆角段，以及处理旋转模糊问题。"段"上滑面板包含"设置"和"段"两个选项，如图 3-159 所示。

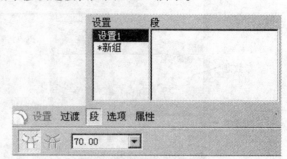

图 3-159　"段"上滑面板

1）"设置"：列出包含旋转模糊的所有倒圆角集，针对于整个倒圆角特征。

2）"段"：列出当前倒圆角集中旋转不明确从而产生模糊的所有倒圆角段，并指定其当前的状态。

（4）选项　包括"实体"、"曲面"单选按钮以及"创建结束曲面"复选框，如图 3-160 所示。

1）"实体"：表示以与现有几何相交的实体形式创建倒圆角集参照，仅当选取实体作为倒圆角集参照时才可用。系统自动选择该单选按钮。

2）"曲面"：表示以与现有几何不相交的曲面形式创建倒圆角特征，仅当选取实体作为倒圆角集参照时才可用。

3）"创建结束曲面"：表示以封闭倒圆角特征的倒圆角端点，即当选取了有效几何以及"曲面"或"新面组"连接类型时，此复选框才可用。

（5）属性　包含特征名称和用于访问特征信息的图标，在名称文本框中可以修改圆角特征的名称。单击 **ⓘ** 按钮则会显示倒圆角特征的相关信息，如图 3-161 所示。

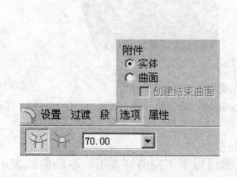

图 3-160　"选项"上滑面板

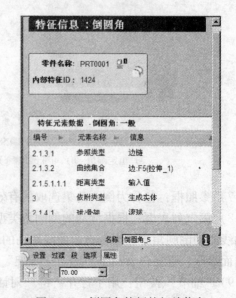

图 3-161　倒圆角特征的相关信息

3.9.2 自动倒圆角

在 Pro/ENGINEER Wildfire 4.0 中，还可以进行自动倒圆角特征的操作。选择"插入"
→"自动倒圆角"命令，系统弹出如图 3-162 所示的"自动倒圆角"特征操作面板。它由
两部分组成：对话框及上滑面板。对话框中包含自动倒圆角的凸边和凹边。

图 3-162 "自动倒圆角"特征操作面板

（1）自动倒圆角的凸边 ☑ 🔽 10.00 ▼ 可在文本框中输入几何特征凸边的倒圆角值。

（2）自动倒圆角的凹边 ☑ ∟ 相同 ▼ 可在文本框中输入几何特征凹边的倒圆角值。

3.9.3 圆角特征实例

使用倒圆角工具完成如图 3-163 所示模型，通过实例了解和掌握圆角特征的创建方法。

1. 建立新文件

在工具栏中单击"新建"按钮，或选择"文件"→"新建"命令，在弹出的对话框中
"类型"选择为"零件"，在"子类型"中选择"实体"，输入零件名称为"lx3-10"，取消
"使用缺省模板"复选框，单击"确定"按钮。在弹出的"新文件选项"对话框中选择米
制模板"mmns_part_solid"，单击"确定"按钮进入零件设计窗口。

2. 创建拉伸实体特征

步骤 1. 单击特征工具栏中"拉伸"按钮，在拉伸特征操作面板上选择"实体"按钮，
以指定生成拉伸实体。单击"放置"按钮，打开上滑面板。单击"定义"按钮，系统弹出
"草绘"对话框并提示用户选择草绘平面，选取 FRONT 基准平面作为草绘平面，接受系统
默认的参照平面及方向，单击对话框中"草绘"按钮，进入草绘窗口。

步骤 2. 绘制如图 3-164 所示截面，并单击"草绘器"工具栏中的"√"按钮退出草绘窗口。

图 3-163 圆角特征模型

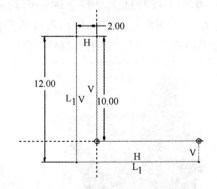

图 3-164 草绘截面

步骤 3. 在拉伸特征操作面板中选择"双向对称"拉伸方式，拉伸深度设置为"15"，
并单击"√"按钮完成拉伸，如图 3-165 所示。

步骤 4. 完成的拉伸实体如图 3-166 所示。

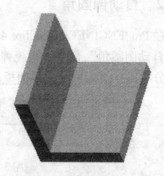

图 3-165　拉伸方式及深度的设置

图 3-166　完成的拉伸实体

3. 创建第 1 组圆角特征

步骤 1. 单击工程特征工具栏上的"倒圆角"按钮，或选择"插入"→"倒圆角"命令，系统打开"倒圆角"特征操作面板。选择如图 3-167a 所示的四条边，在选择时按住〈Ctrl〉键，在操作面板的半径文本框中设置半径值为"1"，如图 3-167b 所示。

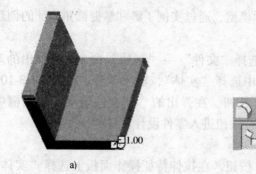

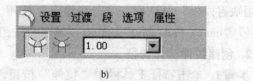

a)　　　　　　　　　　　　　　　b)

图 3-167　第 1 个圆角特征

步骤 2. 单击"√"按钮或鼠标中键完成第 1 个圆角特征的创建。

4. 创建第 2 组圆角特征

步骤 1. 单击工程特征工具栏上的"倒圆角"按钮，或选择"插入"→"倒圆角"命令，系统打开"倒圆角"特征操作面板。选择如图 3-168a 所示的边，在操作面板的半径文本框中设置半径值为"2"，如图 3-168b 所示。

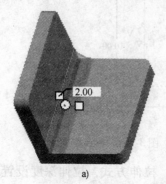

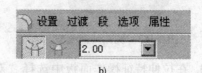

a)　　　　　　　　　　　　　　　b)

图 3-168　第 2 个圆角特征

步骤 2. 单击"√"按钮或鼠标中键完成圆角特征的创建。完成的模型如图 3-163 所示。

5. 保存文件

单击"保存"按钮，保存文件到指定的目录并关闭窗口。

3.10 倒角特征

倒角是一种放置型结构特征，它必须在其他特征已经生成的基础上才能创建。

倒角特征分为边倒角和拐角倒角两种。边倒角是指以选定的实体边线截除一块平直截面形成倒角，如图 3-169a 所示。拐角倒角是在实体的某个顶点处切除材料形成倒角，如图 3-169b 所示。

图 3-169　倒角特征的种类

3.10.1 边倒角

步骤 1. 单击工程特征工具栏上的"倒角"按钮![icon]，或选择"插入"→"倒角"→"边倒角"命令，系统弹出如图 3-170 所示的"边倒角"特征操作面板。

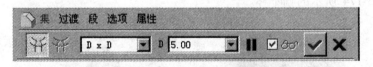

图 3-170　"边倒角"特征操作面板

步骤 2. 选取实体上要倒角的边。

步骤 3. 选择倒角方案：共有 4 种不同类型的倒角，分别是 ![D x D] ，![D1 x D2] ，![角度 x D] 和 ![45 x D] 。

步骤 4. 设置倒角尺寸后单击"√"按钮，完成倒角创建。

3.10.2 拐角倒角

步骤 1. 选择"插入"→"倒角"→"拐角倒角"命令，系统弹出"倒角（拐角）：拐角"对话框，并要求选取倒角用的顶点，如图 3-171 所示。

步骤 2. 选取需要倒角的顶点所对应的任意一条边（靠近该顶点），系统弹出如图 3-172 所示菜单管理器。

步骤 3. 选择"输入"命令，则在绘图区下侧弹出如图 3-173 所示尺寸输入框。

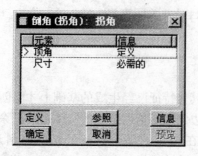

图 3-171   "倒角（拐角）：拐角"对话框

图 3-172   "选出/输入"菜单管理器

输入沿加亮边标注的长度 **3.3333**

图 3-173   尺寸输入框

步骤 4. 输入该边倒角距离，再单击"√"按钮。

步骤 5. 重复步骤 3、4，设置另两边倒角距离。

步骤 6. 单击"倒角（拐角）：拐角"对话框中的"确定"按钮，完成拐角倒角。

3.11   综合实例

创建如图 3-174 所示的咖啡杯。

图 3-174   咖啡杯

1. 创建新文件

在工具栏中单击"新建"按钮，在弹出的对话框中"类型"选择为"零件"，在"子类型"中选择"实体"，输入零件名称为"kafeibei"，取消"使用缺省模板"复选框，单击"确定"按钮。在弹出的"新文件选项"对话框中选择米制模板"mmns_part_solid"，单击

"确定"按钮，进入零件设计窗口。

2. 使用混合创建杯身

步骤 1. 选择菜单栏中"插入"→"混合"→"伸出项"命令。

步骤 2. 在弹出的菜单管理器中，选择"平行"→"规则截面"→"草绘截面"→"完成"命令，如图 3-175 所示。

步骤 3. 在"属性"菜单管理器中，选择"光滑"→"完成"命令，如图 3-176 所示。

步骤 4. 系统弹出如图 3-177 所示菜单管理器，选取 TOP 平面作为草绘平面。

步骤 5. 在"方向"菜单中，选择"正向"→"缺省"命令，进入到草绘窗口，如图 3-178 所示。

图 3-175 "混合选项"菜单管理器

图 3-176 "属性"菜单管理器

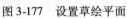

图 3-177 设置草绘平面

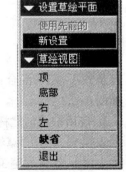

图 3-178 设置草绘平面方向

步骤 6. 绘制如图 3-179 所示共 5 个截面，这 5 个截面都是正十二边形。第 1 个截面的边长为 10，第 2 个截面的边长为 5，第 3 个截面的边长为 8，第 4 个截面的边长为 12，第 5 个截面的边长为 15。它们的中心点都在同一点上。

具体的绘制方法：单击工具栏中的"将调色板中的外部数据插入到活动对象"按钮 ，选择正十二边形，双击，再在绘图区任意一点单击。在"缩放旋转"对话框中，设置"比例"为"1"，"旋转"为"0"，再单击"√"按钮，如图 3-180 所示。单击"约束"按钮，将其中心点约束至 RIGHT 与 FRONT 平面的相交处，再切换截面，反复以上操作 5 次，并修改相应数据。绘制完成后，单击"√"按钮退出草绘窗口。

步骤 7. 在截面深度中的设置如图 3-181 所示。设置完毕后单击"√"按钮，返回"混合：伸出项"对话框。

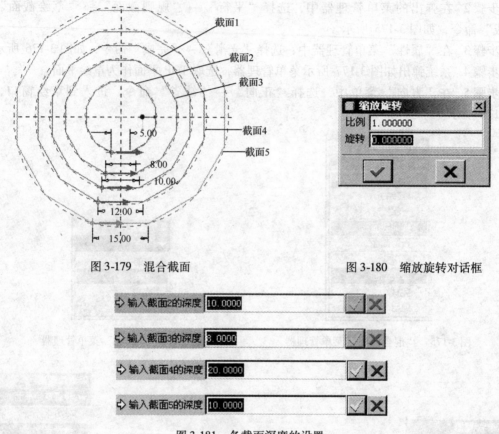

图 3-179　混合截面　　　　　　　　　　　图 3-180　缩放旋转对话框

图 3-181　各截面深度的设置

步骤 8. 在"混合：伸出项"对话框中单击"确定"按钮，该混合完成，完成的杯身图形如图 3-182 所示。

3. 使用扫描创建杯把

步骤 1. 单击"草绘"按钮，选择 FRONT 平面作为草绘平面，进入草绘窗口。

步骤 2. 创建如图 3-183 所示的截面，尺寸自定，合理就行。单击"√"按钮，退出草绘窗口。

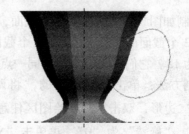

图 3-182　完成的杯身　　　　图 3-183　用扫描轨迹线获得的截面图

步骤 3. 选择菜单栏中"插入"→"扫描"→"伸出项"命令，在"扫描轨迹"菜单管理器中选择"选取轨迹"命令，如图 3-184 所示。

步骤 4. 在"链"菜单管理器中选择"依次"→"选取"命令，并选取刚才草绘的样条曲线，如图 3-185 所示。

图 3-184　　"扫描轨迹"菜单管理器　　　　　　图 3-185　　扫描轨迹的选取

步骤 5. 在"属性"菜单管理器中选择"自由端点"→"完成"命令，进入扫描截面的绘制窗口，如图 3-186 所示。并绘制如图 3-187 所示截面。绘制完成后单击"√"按钮，退出草绘窗口。

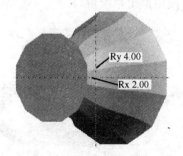

图 3-186　　"属性"菜单管理器　　　　　　图 3-187　　扫描截面

步骤 6. 在"伸出项：扫描"对话框中单击"确定"按钮，完成杯把的创建，如图 3-188 所示。

4. 使用"旋转切除材料"完善杯身

步骤 1. 单击"旋转"按钮，在旋转特征操作面板中单击"放置"→"定义"按钮，选取 FRONT 平面作为草绘平面，接受系统默认的其他选择，单击"草绘"按钮进入草绘窗口。

步骤 2. 利用"通过偏移一条边来创建图元"命令草绘如图 3-189 所示截面，完成后单击"√"按钮退出草绘窗口。

步骤 3. 在旋转特征操作面板中的设置如图 3-190 所示。单击"√"按钮完成设置。

图 3-188 完成杯把创建后的模型

图 3-189 创建的旋转切除截面

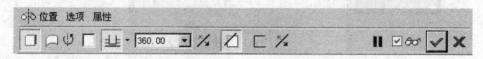

图 3-190 旋转特征操作面板

步骤4. 完成的杯身如图 3-191 所示。

5. 利用"旋转切除材料"命令完善杯底

步骤1. 单击"旋转"按钮，在旋转特征操作面板中单击"放置"→"定义"按钮，选取 FRONT 平面作为草绘平面，接受系统默认的其他选择，单击"草绘"按钮进入草绘窗口。

步骤2. 利用"通过偏移一条边来创建图元"命令草绘如图 3-192 所示截面，完成后单击"√"按钮退出草绘窗口。

图 3-191 完成的杯身

图 3-192 杯底剖面图

步骤3. 在旋转特征操作面板中的设置如图 3-190 所示。单击"√"按钮完成设置。

步骤4. 完成的杯底如图 3-193 所示。

6. 倒圆角

步骤1. 单击工程特征工具栏上的"倒圆角"，在半径文本框中输入"2"，按住〈Ctrl〉键选择所有杯身上的竖向线条，如图 3-194 所示。单击"√"按钮完成第一组圆角特征，完成的杯子如图 3-195 所示。

图 3-193 完成的杯底模型

图 3-194 选择杯身上的竖向线条

图 3-195 杯身倒圆角结果

步骤 2. 单击工程特征工具栏上的"倒圆角"命令，在半径文本框中输入"1"，按住〈Ctrl〉键选择所有杯柄与杯身之间的线条，如图 3-196 所示。单击"√"按钮完成第二组圆角特征，完成的杯子如图 3-197 所示。

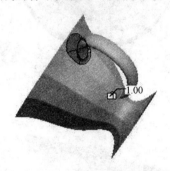

图 3-196 选择杯身与杯柄之间的线条

图 3-197 倒完第二组圆角的杯子

步骤 3. 单击工程特征工具栏上的"倒圆角"命令，在半径文本框中输入"1"，选择所有杯口的线条，如图 3-198 所示。单击"√"按钮完成第三组圆角特征。完成的杯子如图 3-174 所示。

7. 文件存盘

单击"保存"按钮，保存文件到指定的目录并关闭窗口。

图 3-198 杯口倒圆角

练 习

3-1 创建基础扫描特征的基本步骤是什么？

　　A 第一条轨迹定义——第二条轨迹定义——截面定义

　　B 截面定义——扫描轨迹定义

　　C 扫描轨迹定义——截面定义

　　D 扫描轨迹定义——第一截面——第二截面

3-2 参照面与绘图面的关系是什么？

　　A 平行　　　　B 垂直　　　　C 相交　　　　D 无关

3-3 以下哪个选项不属于旋转特征的旋转角度定义方式？

　　A 可变的　　　　　　　　B 特殊角度（90°的倍数）

　　C 至平面　　　　　　　　D 穿过下一个

3-4 使用扫描来绘制伸出项时，若轨迹是封闭的，其截面怎样？

    A　一定要封闭

    B　一定不要封闭

    C　不一定要封闭

    D　一定要封闭且包围扫描起点

3-5　完成如图 3-199 至图 3-202 所示的零件图，其尺寸自定。

图 3-199　零件 1　　　　　　　　　图 3-200　零件 2

图 3-201　零件 3　　　　　　　　　图 3-202　零件 4

第4章 基 准 特 征

基准特征是零件建模的参照特征，其主要用途是辅助三维特征的创建，可作为特征截面绘制的参照面、模型定位的参照面和控制点、装配用参照面等。此外基准特征（如坐标系）还可用于计算零件的质量属性，提供制造的操作路径等。

基准特征包括：基准平面、基准点、基准轴、基准曲线、基准坐标系等。

知识目标

✧ 熟练掌握创建基准特征的操作步骤和一般过程，以及了解基准特征在 Pro/ENGI-NEER Wildfire 4.0 软件建模过程中的作用和使用场合。

能力目标

✧ 通过本章的学习，用户能够运用基准特征很好地解决三维零件和曲面的造型以及装配问题。

4.1 基准平面

基准平面是零件建模过程中使用最频繁的基准特征，它既可用作草绘特征的草绘平面和参照平面，也可用于放置特征的放置平面；另外，基准平面也可作为尺寸标注基准、零件装配基准等。

基准平面理论上是一个无限大的面，但为便于观察可以设定其大小，以适合于建立的参照特征。基准平面有两个方向面，系统默认的颜色为棕色和黑色。在特征创建过程中，系统允许用户单击基准特征工具栏中的 ▱ 按钮或选择菜单栏中"插入"→"模型基准"→"平面"命令进行基准平面的建立。

如图4-1所示为"基准平面"对话框，图4-1a～c分别为"放置"、"显示"、"属性"三个标签。根据所选取的参照不同，该对话框各面板显示的内容也不相同。下面对该对话框中各选项进行简要介绍。

"放置"标签：选择当前存在的平面、曲面、边、点、坐标、轴、顶点等作为参照，在"偏距"文本框中输入相应的约束数据，在"参照"中根据选择的参照不同，可能显示如下五种类型的约束。

1）"穿过"：新的基准平面通过选择的参照。

2）"偏移"：新的基准平面偏离选择的参照。

3）"平行"：新的基准平面平行选择的参照。

4）"法向"：新的基准平面垂直选择的参照。

5）"相切"：新的基准平面与选择的参照相切。

如图4-2所示为创建新的基准平面所选取的参照。

a)

b)

c)

图4-1　"基准平面"对话框

图4-2　创建新基准平面选取的参照

"显示"标签：该标签包括反向按钮（垂直于基准面的相反方向）和调整轮廓复选框（供用户调节基准面的外部轮廓尺寸）。如图4-1 b所示。

"属性"标签：该面板显示当前基准特征的信息，也可对基准平面重命名。如图4-1c所示。

1. 建立基准平面的操作步骤

步骤1. 选择菜单栏中"插入"→"模型基准"→"平面"命令，或单击基准特征工具栏中的 ⬜ 按钮。

步骤2. 在图形区域中为新的基准平面选择参照，在"基准平面"对话框的"参照"栏中选择合适的约束（如偏移、平行、法向、穿过等）。

步骤3. 若选择多个对象作为参照，应按下〈Ctrl〉键。

步骤4. 重复步骤2～步骤3，直到必要的约束建立完毕。

步骤5. 单击"确定"按钮，完成基准平面的创建。

此外，系统允许用户预先选定参照，然后单击 ▱ 按钮，即可创建符合条件的基准平面。可以建立基准平面的参照组合为

1）选择两个共面的边或轴（但不能共线）作为参照，单击 ▱ 按钮，产生通过参照的基准平面。

2）选择三个基准点或顶点作为参照，单击 ▱ 按钮，产生通过三点的基准平面。

3）选择一个基准平面或平面以及两个基准点或两个顶点，单击 ▱ 按钮，产生过这两点并与参照平面垂直的基准平面。

4）选择一个基准平面或平面以及一个基准点或一个顶点，单击 ▱ 按钮，产生过这两点并与参照平面垂直的基准平面。

5）选择一个基准点和一个基准轴或边（点与边不共线），单击 ▱ 按钮，"基准平面"对话框显示"穿过"参照的约束，单击"确定"按钮即可建立基准平面。

2. 创建基准平面的一般过程

下面举例说明基准平面的一般创建过程。如图 4-3 所示，现在要建立通过轴线的基准平面 DTM1，并与模型基准平面 RIGHT 成 45°的夹角。

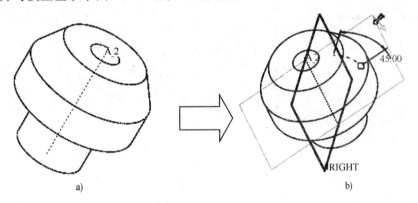

图 4-3　创建新的基准平面

a）创建前　b）创建后

步骤 1. 打开练习文件，将工作目录设置为以练习命名的文件夹下。

步骤 2. 选择菜单栏中"插入"→"模型基准"→"平面"命令，或单击基准特征工具栏中的 ▱ 按钮，弹出"基准平面"对话框。

步骤 3. 选取约束。

1）穿过约束。选择如图 4-3a 所示的轴线 A_2，此时对话框的显示如图 4-4 所示。

2）角度约束。按〈Ctrl〉键，同时单击如图 4-3b 所示的基准平面 RIGHT。

3）给出夹角。在如图 4-5 所示的"旋转"文本框中输入夹角值为 45，最后单击 确定 按钮。

3. 创建基准平面的其他约束方法：相切和平行

要创建的基准平面与轮廓曲面相切，并与另一基准平面平行，如图 4-6 所示。

注意：选择模型表面或基准平面时，只需在其附近移动鼠标，相应的面将高亮显示，同

时鼠标旁也显示该面的名称，然后单击即可选中高亮显示的平面。

图 4-4　选择轴线 A_2

图 4-5　添加 RIGHT 基准平面

a)

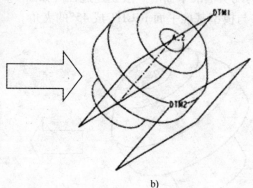

b)

图 4-6　基准平面的相切和平行

a）设置基准平面　b）创建后的基准平面

4. 用基准平面 DTM1 设定视角

步骤 1. 单击工具栏中"重定向视图"按钮 。系统弹出如图 4-7 所示的"方向"对话框。选择基准平面 DTM1 为"前"参照面（基准平面 DTM1 的法线方向朝前）；选择模型上端面为"上"参照面（模型上端面的法线方向朝上）。

步骤 2. 单击 ▶ 已保存的视图 按钮，在如图 4-8 所示对话框的"名称"栏中输入视图名称，如 DTM1。

步骤 3. 单击 确定 按钮，效果如图 4-9 所示。

5. 修改基准平面的名称

右击模型树中基准平面 DTM1、DTM2，重命名为"过轴基准面"和"切轮廓基准面"。结果如图 4-10 所示。

图 4-7　"方向"对话框

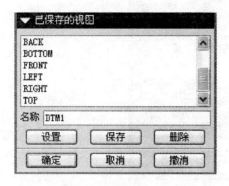

图 4-8　已保存的视图

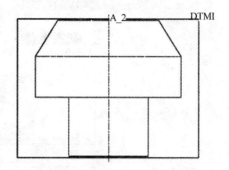

图 4-9　新建的基准平面 A_2

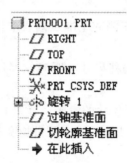

图 4-10　基准平面重命名

4.2　基准点

　　基准点的用途非常广泛，既可用于辅助建立其他基准特征，也可辅助定义特征的位置。单击"基准点"按钮 ⁘ 后的 ·，弹出如图 4-11 所示的四种类型的基准点。

图 4-11　基准点

各按钮的意义为

　　⁘：从实体或实体交点或从实体偏离创建的基准点。

　　⁘：在草绘工作界面上创建基准点。

　　⁘：通过选定的坐标系创建基准点。

　　⁘：直接在实体或曲面上单击即可创建基准点，该基准点在行为建模中供分析使用。

　　单击"基准点"按钮 ⁘，可创建位于模型实体或偏离模型实体的基准点。系统弹出如图 4-12 所示的"基准点"对话框。该对话框包含"放置"（定义基准点的位置）和"属性"（显示特征信息、修改特征名称）两个标签。现将"放置"标签中各部分的功能说明如下。

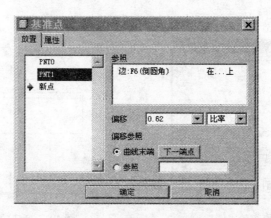

图 4-12　"基准点"对话框

"参照"：在"基准点"对话框左侧的基准点列表中选择一个基准点，该栏列出生成该基准点的放置参照。

"偏移"：显示并可以定义点的偏移尺寸。明确偏移尺寸有两种方法，明确偏移比率和明确实数（实际长度）。

"偏移参照"：列出标注点到模型尺寸的参照，有如下两种方式。

1）"曲线末端"：从选择的曲线或边的端点测量长度。若要使用另一个端点作为偏移基点，则单击"下一端点"按钮。

2）"参照"：从选定的参照测量距离。

单击"基准点"对话框中的"新点"，可继续创建新的基准点。

注意：

1）要添加一个新的基准点，应首先单击"基准点"对话框左栏显示的"新点"，然后选择一个参照（要添加多个参照，须按下〈Ctrl〉键进行选择）。

2）要移走一个参照可使用如下方法之一。

方法 1. 单击要移走的参照，右击，在弹出的快捷菜单中选择"移除"命令。

方法 2. 在图形区域中选择一个新参照替换原来的参照。

创建一般基准点的操作步骤为

步骤 1. 选择一条边、曲线或基准轴等图素。

步骤 2. 单击 ×× 按钮，一个默认的基准点添加到所指定的实体上，同时打开"基准点"对话框。

步骤 3. 通过拖动基准点定位柄，手动调节基准点位置，或者选择相应平面和参数定位基准点。

步骤 4. 单击"新点"选项，添加更多的基准点；单击"确定"按钮，完成基准点的创建。

4.3　基准轴

同基准面一样，基准轴常用于创建特征的参照，它经常用于制作基准面、同心放置的参照、创建旋转阵列特征等。基准轴与中心轴的不同之处在于基准轴是独立的特征，它能被重定义、压缩或删除。

利用拉伸特征建立的圆角特征，系统会自动地在其中心产生中心轴。具有圆弧界面造型的特征，若要在其圆心位置自动产生基准轴，应在配置文件中进行如下设置。将参数"show_axes_for_extr_arcs"选项的值设置为"Yes"。

单击基准工具栏中的"基准轴" ⁄ 按钮，系统弹出如图4-13所示的"基准轴"对话框。

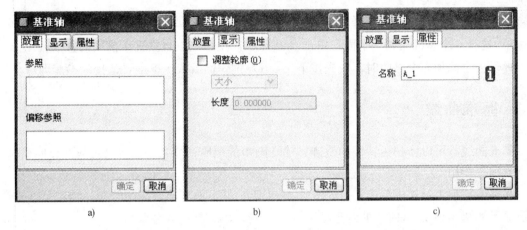

图4-13 "基准轴"对话框

该对话框包括"放置"、"显示"和"属性"3个标签。如图4-13 a所示的"放置"标签中有"参照"和"偏移参照"两个栏目。

"参照"：在该栏中显示基准轴的放置参照，供用户选择使用的参照有如下三种类型。

1）穿过。基准轴通过指定的参照。

2）法向。基准轴垂直指定的参照，该类型还需要在"偏移参照"栏中进一步定义或者添加辅助的点或顶点，以完全约束基准轴。

3）相切。基准轴相切于指定的参照，该类型还需要添加辅助点或顶点以全约束基准轴。"偏移参照"：在"参照"栏选用"法向"类型时该栏被激活，以选择偏移参照。

如图4-13b所示的"显示"标签可调整基准轴轮廓的长度，从而使基准轴轮廓与指定尺寸或选定参照相拟合。

如图4-13c所示的"属性"标签中显示基准轴的名称和信息，也可对基准轴进行重新命名。

创建基准轴的操作步骤为

步骤1. 单击基准工具栏中的 ⁄ 按钮，或选择菜单栏中的"插入"→"模型基准"→"轴"命令，系统打开"基准轴"对话框。

步骤2. 在图形区域中为新基准轴选择至多两个放置参照。可选择已有的基准轴、平面、曲面、边、顶点、曲线、基准点。被选择的参照显示在"基准轴"对话框的"参照"栏中。

步骤3. 在"参照"栏中选择适当的约束类型。

步骤4. 重复步骤2～步骤3，直到完成必要的约束。

步骤5. 单击"确定"按钮，完成基准轴的创建。

　　此外，系统允许用户预先选定参照，然后单击 ／ 按钮，即可创建符合条件的基准轴。可以建立基准轴的各参照组合如下。

　　1）选择一垂直的边或轴，单击 ／ 按钮，创建一通过选定边或轴的基准轴。

　　2）选择两基准点或基准轴，单击 ／ 按钮，创建一通过选定的两个点或轴的基准轴。

　　3）选择两个非平行的基准面或平面，单击 ／ 按钮，创建一条通过选定相交线的基准轴。

　　4）选择一条曲线或边及其终点，单击 ／ 按钮，创建一条通过终点和曲线切点的基准轴。

　　5）选择一个基准点和一个面，单击 ／ 按钮，产生过该点且垂直于该面的基准轴。

　　提示：当添加多个参照时，应先按下〈Ctrl〉键，然后依次单击要选择的参照即可。

4.4　基准曲线

　　基准曲线除可以作扫描特征的轨迹、建立圆角的参照特征之外，在绘制或修改曲面时也发挥着重要作用。

　　在基准特征工具栏中单击 ～ 按钮或 ▨ 按钮，可实现基准曲线的绘制。单击 ～ 按钮，系统显示如图 4-14 所示的"曲线选项"菜单。管理器，其中各命令为

　　"经过点"：通过数个参照点建立基准曲线。

　　"自文件"：使用数据文件绘制一条基准曲线。

　　"使用剖截面"：用截面的边界来建立基准曲线。

　　"从方程"：通过输入方程式来建立基准曲线。

　　单击 ▨ 按钮，系统打开"草绘"对话框，如图 4-15 所示。

　　　图 4-14　"曲线选项"菜单管理器　　　　　　　图 4-15　"草绘"对话框

　　选定草绘平面与视图参照后，单击"草绘"按钮，进入草绘工作界面，然后进行曲线的绘制。

4.5　基准坐标系

　　在零件的绘制或组件装配中，坐标系可用来辅助进行下列工作。

1）辅助计算零件的质量、质心、体积等。

2）在零件装配中建立坐标系约束条件。

3）在进行有限元分析时，辅助建立约束条件。

4）使用加工模块时，用于设定程序原点。

5）辅助建立其他基准特征。

6）使用坐标系作为定位参照。

单击基准特征工具栏中的 ✖ 按钮，系统打开如图 4-16 所示的"坐标系"对话框。该对话框包括"原始"、"定向"、"属性"三个标签。

a)

b)

c)

图 4-16 "坐标系"对话框

如图 4-16 a 所示的"原始"标签的各功能选项意义如下。

"参照"：显示选择的参照坐标系或参照对象。

"偏移类型"：在其下拉列表中选择需要的偏移坐标系方式。选择坐标系类型不同，显示的坐标参数也有所不同。

单击"定向"标签，系统打开如图 4-16b 所示的"定向"标签（"原始"标签中的选项不同，该面板显示的栏目也略有不同）。在该标签上可设定坐标轴的位置，其相应栏目说明如下。

"参考选取"：通过选择任意两个坐标轴的方向参照来定位坐标系。如图 4-17a 所示，使用所选择曲面的法线方向作为 X 轴（单击"反向"按钮可改变 X 轴的正方向），使用另一个被选择曲面的法线方向作为 Y 轴，建立的坐标系 CSO 如图 4-17b 所示。

"所选坐标轴"："原始"标签的"参照"栏选择"坐标系"，该项才能被激活。通过设定各坐标轴的转角来定位，如图 4-18 所示。

单击"属性"标签，系统打开"属性"标签。在该标签上可查看当前基准特征的信息，也可对基准特征重命名。如图 4-16c 所示。

建立坐标系的操作步骤为

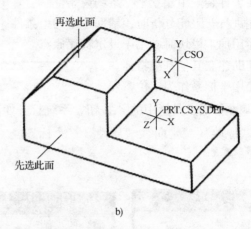

图 4-17　"坐标系"对话框和新建的坐标系

图 4-18　设置各坐标轴的转角

步骤 1. 单击基准特征工具栏中的 ⚹ 按钮，系统打开"坐标系"对话框。

步骤 2. 在图形区域中选择坐标系的放置参照。

步骤 3. 选定坐标系的偏移类型并设定偏移值。

步骤 4. 单击"确定"按钮，创建默认定位的新坐标系；若需设定新坐标系的坐标方向，则单击"定向"标签，在展开的"定向"标签中设定新坐标系。

注意：

1) 如果选择一个顶点作为原始参照，必须利用"定向"标签通过选择坐标轴的参照确定坐标轴的方位。

2) 不管用户通过选取坐标系还是选取平面、边、或点作为参照，要完全定位一个新的坐标系，至少应选择两个参照对象。

练　习

4-1　绘制图 4-19 所示的基准曲线。

4-2　创建图 4-20 所示图形的基准平面 DTM1 和基准平面 DTM2。

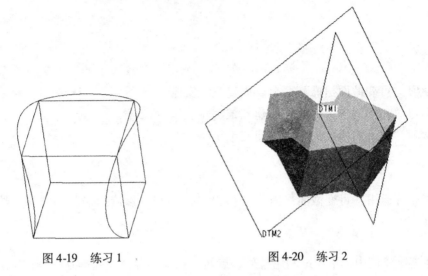

图 4-19　练习 1　　　　　　　　图 4-20　练习 2

第5章 高级特征

知识目标

◇ 学习"可变截面扫描"命令，创建三维实体。

◇ 学习"扫描混合"命令，创建三维实体。

◇ 学习"螺旋扫描"命令，创建三维实体。

能力目标

◇ 能熟练运用"可变截面扫描"、"扫描混合"和"螺旋扫描"等方法，快速创建较复杂的三维实体零件。

在零件三维建模中，单纯地利用拉伸、旋转、扫描、混合等基本方法，在实际应用中难以快速构建出更复杂的、理想的零件三维模型。为此，Pro/E 在实体与曲面特征的建立中还提供了高级造型技术，其中包含一些非常实用的功能。

本章介绍特征创建的一些高级命令："可变截面扫描"、"扫描混合"与"螺旋扫描"命令。前面讲述的扫描特征是单一截面沿着一条轨迹线扫描产生实体或曲面，扫描过程中截面在任一位置都必须保持与轨迹线正交并且固定不变。高级扫描特征要自由得多，可以是一个截面沿多条轨迹线扫描，也可以是多个截面垂直一条轨迹线扫描。由于高级扫描特征命令在实体和曲面的应用中方法相似，所以本章主要以创建实体为例进行说明。

5.1 可变截面扫描特征

可变截面扫描是指扫描截面沿一条或多条选定轨迹扫描而创建实体或曲面特征，扫描中特征截面外形可随扫描轨迹变化，而且能任意决定截面草绘的参考方位。一般在给定的截面较少，轨迹线的尺寸很明确且较多的情况下，可采用可变截面扫描建立"多轨迹"特征。

创建可变截面扫描时，系统支持恒定截面或可变截面两种方式。

（1）可变截面　是指利用草绘图元所约束的参照，或使用由"Trajpar"参数设置的截面关系，使草绘截面在扫描过程中可变；草绘截面定位于附加至原始轨迹的截面框架上，并沿轨迹长度方向移动以创建几何。原始轨迹以及其他轨迹和其他参照（如平面、轴、边或坐标系的轴）定义截面沿扫描的方向。

（2）恒定截面　是指在沿轨迹扫描的过程中，草绘的截面形状不变，仅截面所在截面框架的方向发生变化。截面框架实质上是沿着原始轨迹滑动并且自身带有要被扫描截面的坐标系。它决定着草绘沿原始轨迹移动时的方向，由附加约束和参照（如"垂直于轨迹"，"垂直于投影"和"恒定法向"）定向。

5.1.1　扫描轨迹

创建可变截面扫描特征时，根据功能不同将扫描轨迹分为 4 类，即原点轨迹、X 轨迹、法向轨迹与辅助轨迹，如图 5-1 所示。各类轨迹既可以是二维平面型曲线，也可以是三维空间型曲线。各种轨迹的作用分别是原点轨迹用于引导截面扫描移动并限定截面几何中心的扫描路径，它可由多个线段构成但各线段间应相切连接；X 轨迹用于确定截面的 X 轴方向并限定截面 X 轴的扫描路径；法向轨迹用于控制扫描过程中截面的法线方向，这类轨迹线只限于"垂直于轨迹"的扫描方式；辅助轨迹可以没有也可为一条或多条，一般用于控制特征截面外形的变化规律。创建可变截面扫描特征时，

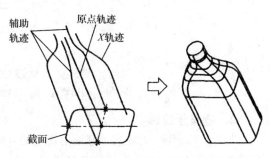

图 5-1　可变截面扫描特征的轨迹类型

不论采用什么截面控制方式都必须定义原点轨迹，而辅助轨迹则可有可无。

要选取并改变轨迹类型，可单击特征操控板中的"参照"按钮，如图 5-2 所示。单击轨迹旁的"X"复选框可使其成为 X 轨迹；单击轨迹旁的"N"复选框可使其成为法向轨迹；如果轨迹存在一个或多个相切曲面且为相切轨迹，可选取"T"复选框。对于原点轨迹以外的其他轨迹，未选取"T"、"N"或"X"复选框前均默认为辅助轨迹。也可在选取的轨迹上右击，在弹出的快捷菜单上选择轨迹类型。定义扫描轨迹时，要注意：①第一个选取的轨迹不能是 X 轨迹。②X 轨迹或法向轨迹只能有一个，当然同一轨迹可同时为法向轨迹和 X 轨迹。

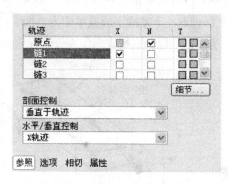

图 5-2　扫描轨迹类型的定义

5.1.2　特征截面的控制

建立可变截面扫描特征时，系统提供了 3 种特征截面的控制方式，分别是"垂直于轨迹"，"垂直于投影"与"恒定法向"。

1. 垂直于轨迹

"垂直于轨迹"是表示特征截面在整个扫描路径上始终垂直于指定的轨迹，如图 5-3 所示。采用这种控制方式创建三维特征时，除了必须指定原点轨迹外，还必须指定 X 轨迹，辅助轨迹则可有可无。

草绘特征截面时，系统会自动将原点轨迹的起始点设为原点，并且在原点处显示出十字中心线。截面扫描过程中，水平中心线将始终保持通过 X 轨迹的端点，以决定截面的 X 方向，也就是说 X 轴方向是以原点轨迹为起点，X 轨迹为终点而定义的一个向量，如图 5-4 所示。如果原点轨迹与其他轨迹的两端点直线长度不相等，则系统将以最短的轨迹线为基准扫描出实

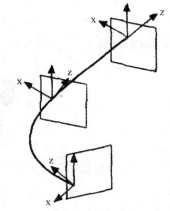

图 5-3　垂直于轨迹的可变截面扫描

体或曲面特征。

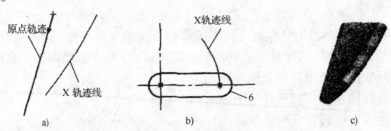

图 5-4　X 轨迹对垂直于轨迹扫描的影响

a) 定义扫描轨迹　b) 草绘特征截面　c) 可变截面扫描实体

2. 垂直于投影

"垂直于投影"方式表示截面沿指定的方向参照垂直于原始轨迹的投影，或者说移动截面框架的 Y 轴平行于指定方向，且 Z 轴沿指定方向与原始轨迹的投影相切，如图 5-5 所示。其中，Z 轴在所有点与沿投影方向的投影曲线相切，而截面 Y 轴总是垂直于定义的参照平面。

采用这种控制方式建立特征时，必须选取投影的"方向参照"以定义投影方向，如图 5-6 所示，并允许单击 反向 按钮反转参照的方向。定义投影方向时，Pro/E 允许选取 3 类参照：① 选取一个基准平面或平面为参照，以其法向作为投影方向。② 选取一条直曲线、边或基准轴为参照，以其直线方向作为投影方向。③ 选择坐标系的某轴，以其轴向或法向作为投影方向。

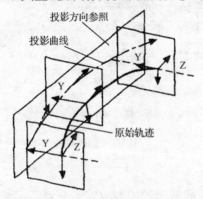

图 5-5　垂直于投影的变截面扫描

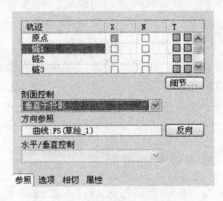

图 5-6　投影方向的设置

图 5-7 所示为一个圆形截面沿一条轨迹扫描，如果分别选取基准平面和直曲线来定义投影方向，则会产生不同的扫描效果。

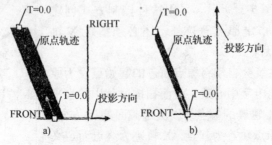

图 5-7　投影方向与扫描的关系

a) 以平面定义投影方向　b) 以曲线定义投影方向

3. 恒定法向

"恒定法向"表示截面的法向量平行于指定的方向，或者说移动截面框架的 Z 轴平行于由恒定法向参照所定义的方向，如图5-8所示。采用这种控制方式建立特征时可定义一个 X 方向，否则 Pro/E 将自动沿轨迹计算 X 和 Y 方向。

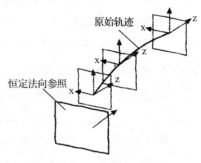

图 5-8 恒定法向变截面扫描

5.1.3 特征截面的扫描定向

打开"参照"上滑面板，在"水平/垂直控制"下拉列表框中可以设定截面是如何沿扫描轨迹定向的，即截面框架绕草绘平面法向的旋转。其中，有以下两种方式可供选择。

（1）X 轨迹 表示截面的 X 轴通过指定的 X 轨迹与扫描截面的交点。

（2）自动 表示截面由 XY 方向自动定向。系统将计算 X 向量的方向，最大限度地降低扫描几何的扭曲。对于没有任何参照曲面的"原点轨迹"，"自动"为系统的默认选项。

注意：截面的"水平"方向由"自动"定向或"起点的 X 方向参照"来确定，可以选取任意基准平面或基准曲线，线性边或坐标系的单个轴作为方向参照。

建立可变截面扫描特征时，还应注意以下情况。

1）所有轨迹必须为相切的连续线段。

2）采用"垂直于轨迹"的截面控制方式时，X 轨迹不能与原点轨迹相交，否则 X 向量会变为 0。

3）如果各条轨迹线长度不相同，则建立的特征将按最短的轨迹线进行扫描。

4）可利用 Graph 与 Trajpar 函数配合关系式控制截面外形的变化。

5.1.4 创建可变截面扫描特征

步骤1. 选择"插入"→"可变截面扫描"命令或者单击特征工具栏中的 按钮。

步骤2. 显示如图5-9所示的特征操控板，单击 按钮创建实体或单击 按钮创建曲面，而单击 按钮则创建薄板。

图 5-9 可变截面扫描特征操作面板

步骤3. 打开"参照"上滑面板，在"轨迹"列表框中依次选取要用于可变截面扫描的轨迹，并分别定义其类型。若要选取多条轨迹则按住〈Ctrl〉键，而按〈Shift〉键可选取一条链中的多个图元。此时，选中的轨迹在绘图区中以红色加亮。

步骤4. 在"剖面控制"下拉列表中指定截面控制方式，并选取方向参照以设定扫描截面的定向，即扫描坐标系的 Z 轴方向。

步骤5. 设定"水平/垂直控制"下拉列表框中的选项，以确定截面是如何沿轨迹扫描定向的。

步骤 6. 打开"选项"上滑面板，如图 5-10 所示，根据需要进行各项设定。

步骤 7. 在"草绘放置点"文本框内单击，然后选取原始轨迹上的一点作为草绘剖面的点。如果"草绘放置点"文本框为空，则表示以扫描的起始点作为草绘剖面的默认位置。

步骤 8. 单击 ☑ 按钮，打开草绘器并沿选定轨迹草绘扫描截面，再单击 ✔ 按钮退出草绘器。

步骤 9. 单击 ☑⌀ 按钮预览几何效果，或单击 ☑ 按钮创建特征。

图 5-10   "选项"上滑面板

例 5-1   设计如图 5-11 所示的三维零件。

步骤 1. 单击 ☐ 按钮，新建零件文件，进入三维零件创建窗口。

步骤 2. 单击 ▨ 按钮，任选一个基准平面绘制如图 5-12 所示曲线。

图 5-11   三维零件

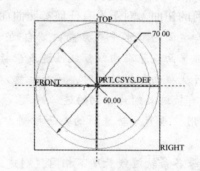

图 5-12   草绘曲线

步骤 3. 建立扫描实体特征。单击"插入"→"扫描"→"伸出项"→"选取轨迹"命令，选择直径为 60 的圆作为轨迹线，绘制截面图如图 5-13 所示，生成图 5-14 所示实体。

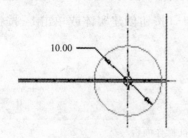

图 5-13   截面图

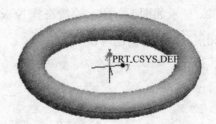

图 5-14   扫描实体

步骤 4. 建立可变截面扫描曲面特征。单击"插入"→"可变截面扫描"，选取直径为 60 的圆曲线为原点轨迹，直径为 70 的圆曲线为 X 轨迹。绘制如图 5-15a 所示直线，加入关系式：Sd6 = Trajpar × 360 × 7。Sd 为角度尺寸，6 为编号，由系统自动生成。扫描结果如图 5-16 所示。

步骤 5. 创建扫描伸出项特征。单击"插入"→"扫描"→"伸出项"→"选取轨迹"命令，以"相切链"形式选取扫描生成的曲面边线为轨迹线，绘制截面图如图 5-17 所示，单击"确定"按钮，完成零件实体的创建。

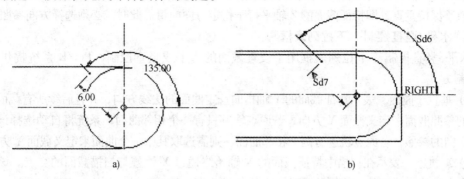

图 5-15 直线

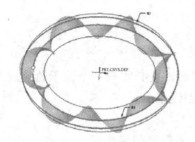

图 5-16 扫描曲面

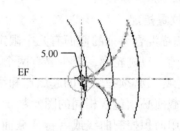

图 5-17 截面图

5.2 扫描混合特征

扫描混合是指多个截面沿着轨迹线扫描创建出实体或曲面特征，这类特征具有扫描与混合的双重特点。

扫描混合可以具有两种轨迹：原点轨迹（必需）和第二轨迹（可选）。建立时必须定义至少两个截面，并可以在两截面间添加截面。定义扫描混合的轨迹时，可草绘轨迹，也可选取一条基准曲线或边链。扫描混合特征的轨迹可以是连续而不相切的曲线。

5.2.1 扫描混合命令

建立扫描混合特征时需定义各类参数，下面对几种常用参数进行说明。

1. "剖面控制"下拉列表框

打开"参照"上滑面板，可以在"剖面控制"下拉列表框中设置特征截面的控制方式，如图 5-18 所示，具体说明如下。

（1）垂直于轨迹　表示特征截面的草绘平面始终垂直于指定的原点轨迹。此项为系统的默认设置。

（2）垂直于投影　表示沿投影方向看去，特征截面所在的平面保持与原点轨迹垂直，且其 Z 轴与指定方向上原点轨迹的投影相切。此时，必须指定投影方向参照，而不需要水平/垂直控制。

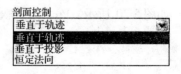

图 5-18 "剖面控制"下拉列表框

（3）恒定法向　表示以定义的曲线或边链作为扫描的法向轨迹，在该特征长度上，截面平面与法向轨迹保持垂直，即特征截面的 Z 轴平行于指定方向向量。此时，必须选择方向参照。

2. "水平/竖直控制"下拉列表框

"水平/竖直控制"下拉列表框用于设置截面的水平或竖直控制，Pro/E 系统提供了以下几种控制方式。

（1）垂直于曲面　表示特征截面的 Y 轴指向选定曲面的法线方向，并且后续所有截面都将使用相同的参照曲面来定义截面 Y 方向。若原点轨迹只有一个相邻曲面，系统将自动选择该曲面作为截面定向的参照；若原点轨迹有两个相邻曲面，则需选取其中一个曲面来定义截面 Y 方向。

（2）X 轨迹　表示在扫描中特征截面的 X 轴始终通过 X 轨迹与扫描截面的交点。该项仅在特征有两个轨迹时才有效，使用此项时要求 X 轨迹为第二轨迹而且必须比原点轨迹要长。

（3）自动　表示截面的 X 轴方向由系统沿原点轨迹自动确定。当没有与原点轨迹相关的曲面时，该项是默认设置。

3. 截面位置指定

系统对扫描混合特征的截面有几个限定：

1）对于闭合轨迹轮廓，至少要有两个草绘截面，且必须有一个位于轨迹的起始点；对于开放轨迹轮廓，必须在轨迹的起始点和终止点创建截面。

2）所有截面必须包含相同的图元数。

3）可使用面积控制曲线或者特征截面的周长来控制扫描混合几何。

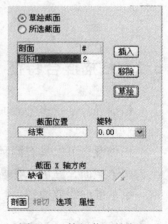

除了必须在扫描轨迹的限定位置定义截面外，系统允许用户自行在轨迹线上加入所需的截面。加入截面时，可单击"剖面"上滑面板中的 插入 按钮，然后选取截面的放置位置点。由于扫描混合特征具有混合的特点，因此每个加入截面的起点位置必须一致，并且各个截面的线段数量也必须相等。

定义特征截面时，可以在"剖面"上滑板中选取"草绘截面"单选按钮，如图 5-19 所示。然后在轨迹上选取一个位置点并进入草绘窗口绘制扫描混合的截面；或者选取"所选截面"单选按钮，然后选取先前定义的截面作为当前的扫描混合截面。

图 5-19　特征截面的定义

5.2.2　混合控制

建立扫描混合特征时，通过"选项"上滑面板可控制扫描混合截面之间的部分形状，如图 5-20 所示。Pro/E 系统也提供了以下 3 种控制方式。

图 5-20　混合控制选项

1. 设置周长控制

选择"设置周长控制"单选按钮表示通过线性方式改变扫描混合截面的周长，以控制特征截面的大小及其形状。执行时可在扫描轨迹的特定位置输入截面周长值，并配合"通过折弯中心创建曲线"复选框创建连接各特征截面形心的连续中心曲线。

如果两个连续截面的周长相同，那么系统将对这些截面保持相同的横截面周长。如图 5-21 所示，其中截面 1 的周长等于截面 2 的周长，则截面 3 的周长也等于截面 1 或截面 2 的周长。对于有不同周长的截面，系统用沿该轨迹的每个曲线的光滑插值来定义其截面间特征的周长。

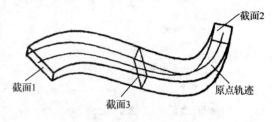

图 5-21　设置周长控制

2. 设置剖面区域控制

选择"设置剖面区域控制"单选按钮表示在扫描混合的指定位置指定剖面区域，通过控制点和面积值来控制特征形状。执行时，可在原点轨迹上添加或删除点，并改变该位置点在面积控制曲线中的数值大小，从而控制扫描混合特征的造型。

设置周长控制与设置剖面区域控制的功能等同，因而不能同时使用。两者的不同之处在于，前者是定义特征截面的周长值来控制截面大小的变化，后者是定义特定位置的面积控制曲线数值来控制截面大小变化。

3. 无混合控制

选择"无混合控制"单选按钮表示不为特征进行任何混合控制，此项为系统默认设定。

5.2.3 创建扫描混合特征

创建扫描混合特征时必须首先定义轨迹线，可通过草绘轨迹或选择现有曲线和边链来定义轨迹。其具体操作步骤如下。

步骤 1. 选择菜单栏中"插入"→"扫描混合"命令，如图 5-22 所示。系统弹出扫描混合特征操作面板。

步骤 2. 打开"参照"上滑面板，如图 5-23 所示。定义扫描轨迹（第一条为原点轨迹）。

步骤 3. 设置"剖面控制"和"水平/垂直控制"下拉列表框。

步骤 4. 打开"剖面"上滑面板并选取截面图的类型为"草绘截面"或选取截面。

步骤 5. 如果选择"草绘截面"单选按钮，则需选取一个截面位置点并单击 草绘 按钮，草绘特征的指定截面。再单击 插入 按钮指定新的附加点作为特征截面的放置位置，如图 5-24 所示。

步骤 6. 如果选择"所选截面"单选按钮，则可以直接选取已经存在的截面作为当前的特征截面，再单击 插入 按钮可以选取下一个特征截面。

图 5-22　插入菜单

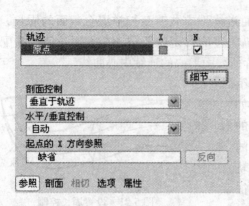

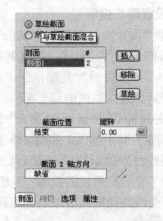

　　　　图 5-23　"参照"上滑面板　　　　　　　图 5-24　定义特征截面

　　步骤 7. 打开"相切"上滑面板，定义扫描混合的端点和相邻三维模型几何之间的相切关系。

　　步骤 8. 打开"选项"上滑面板，设置"混合设置"和"周长控制"下拉列表框。

　　步骤 9. 单击"实体"按钮 □ 或"曲面"按钮 ☐，设置创建实体或曲面扫描混合及其他参数。

　　步骤 10. 完成所有截面的草绘或选取后，单击 ☑ 按钮完成扫描混合特征的创建。

例 5-2　创建如图 5-25 所示的三维零件。

分析：根据三维零件的特征规律，应考虑用扫描混合方式进行创建。

　　步骤 1. 新建文件，设置为米制模板后系统会自动建立 3 个默认基准平面。

　　步骤 2. 单击 ⚒ 按钮，选择一个基准平面草绘轨迹曲线，如图 5-26 所示。

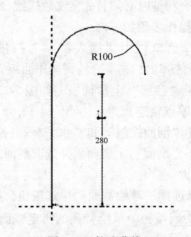

R100

280

　　　　图 5-25　零件模型　　　　　　　图 5-26　轨迹曲线

　　步骤 3. 选择"插入"→"扫描混合"命令，系统弹出扫描混合特征操作面板。

　　步骤 4. 单击对话框中 □ 按钮，选取所绘曲线为扫描混合的轨迹线，注意起始点应在直线段的起点处。

　　步骤 5. 分别以轨迹线的两个端点及直线与圆弧的切点作为草绘截面控制点，依次插入并草绘出 3 个截面。第 1 个截面如图 5-27 所示，第 2 个截面如图 5-28 所示，第 3 个剖面是在坐标系上绘制一点，得到的模型如图 5-29 所示。打开"相切"上滑面板，设置相切条件为"平滑"，如图 5-30 所示。单击"√"按钮，完成扫描混合特征的创建。

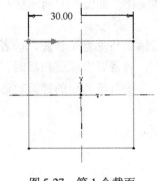

图 5-27　第 1 个截面

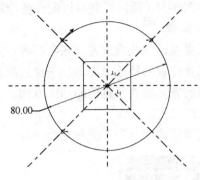

图 5-28　第 2 个截面

图 5-29　三维模型

图 5-30　设置相切条件

步骤 6. 保存文件，完成三维零件设计。

5.3　螺旋扫描特征

螺旋扫描特征是指通过截面沿着假想螺旋轨迹扫描，来创建具有螺旋特性的实体或曲面特征，如弹簧、螺钉等。在螺旋扫描中，假想螺旋轨迹是通过旋转曲面的外形线和螺距来定义的。建立特征时，其旋转面和轨迹线并没有显示出来，完成后轨迹和旋转曲面也不会出现在生成的特征几何中。

创建螺旋扫描特征时，需分别指定其属性、扫引轨迹、螺距与截面等，如图 5-31 所示。

图 5-31　"伸出项：螺旋扫描"对话框

5.3.1　属性设定

建立螺旋扫描特征时，系统会显示"属性"菜单，如图 5-32 所示，它包含螺旋扫描的 3 种属性选项。

1. 螺距

螺旋扫描的螺距分为常数螺距和可变螺距两种。常数螺距表示螺旋扫描特征各螺旋之间的螺距为常数，不允许发生变化，如图 5-33a 所示；可变螺距表示各螺旋间的螺距值呈变化的形式，如图 5-33b 所示，并且可配合基准图形来控制其变化，如图 5-34所示。

2. 截面放置

螺旋扫描属性按截面放置方式有两种设定方法：穿过轴线与垂直于轨迹。前者要求螺旋扫描时，任意位置的特征截面都位于穿过旋转轴的平面内；后者要求螺旋扫描时，任意位置的特征截面的方向垂直于轨迹的切线方向，即特征截面始终垂直于假想的螺旋轨迹线。

3. 旋向

螺旋扫描按旋向分为右旋和左旋两种，如图 5-35 所示。

图 5-32　螺旋扫描的属性设定

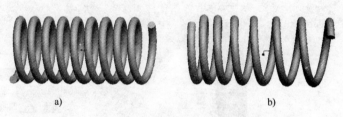

图 5-33　两种类型的螺距
a）常数螺距　b）可变螺距

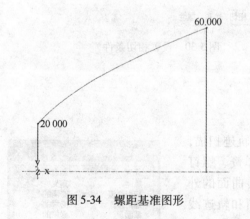

图 5-34　螺距基准图形

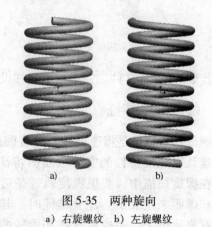

图 5-35　两种旋向
a）右旋螺纹　b）左旋螺纹

5.3.2　螺旋扫描外形线

螺旋扫描属性设定后，系统要求定义草绘平面以绘制扫描外形线，外形线的起始点即为螺旋扫描起始点。生成螺旋扫描特征时，外形线会绕中心线旋转出一个假想的轮廓面，以限定假想螺旋轨迹线位于轮廓面上。

绘制螺旋扫描外形线时，需注意：

1）必须草绘中心线（点画线）以定义旋转轴。

2）草绘图元必须是开放的，而不允许封闭。

3）草绘图元上任意点处的切线不允许与中心线正交。

4）扫描外形线一般要求是连续的，可不必相切。若截面放置方式设定为垂直于轨迹，则要求外形线的图元必须连续并相切。

5）扫描轨迹的起点定义在草绘图元的起点，也可以选择"草绘"→"特征工具"→"起点"命令更改起点位置。

5.3.3 螺旋螺距

螺旋扫描特征的螺距分为常数和可变两种。若设定为常数，则定义螺距时只需输入一个不变的螺距值；若设定为可变螺距，则螺旋线之间的距离由螺距图形控制，即要求在起点和终点指定螺距值后，利用螺距图和添加更多的控制点来定义一条复杂的曲线，该曲线用来控制螺旋线与旋转轴之间的距离。

5.3.4 建立螺旋扫描特征的基本步骤

步骤1. 选择"插入"→"螺旋扫描"→"伸出项"命令，选择建立的螺旋扫描特征类型。

步骤2. 设定螺旋扫描特征的各项属性。

步骤3. 确定草绘平面及其方向，进入草绘窗口后，绘制旋转轴和螺旋扫描外形线。

步骤4. 若定义的是可变螺距，则需在轮廓截面中草绘轮廓上或旋转轴上的控制点，这些控制点将被用来定义沿螺距图的螺距值，否则单击✓按钮完成草绘。

步骤5. 在指定区域中定义螺旋螺距值。

步骤6. 进入草绘窗口，绘制螺旋扫描的特征截面。

步骤7. 单击特征对话框中的 确定 按钮，完成螺旋扫描特征的创建。

例5-3 设计如图5-36所示的零件。

步骤1. 新建文件。单击 □ 按钮，打开"新建"对话框。设置文件名为LWG。选择米制模板，进入三维零件建模窗口。

步骤2. 创建第一个拉伸实体特征（正六棱柱体）。单击 ⟁ 按钮，系统打开拉伸特征操作面板，单击 ⟁ 放置 按钮，完成如图5-37所示的截面的绘制，定义拉伸深度为40。完成的三维实体如图5-38所示。

图5-36 有螺纹特征的三维零件

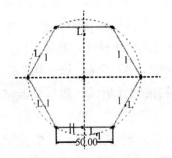

图5-37 正六棱柱截面

图5-38 拉伸实体

步骤 3. 创建第二个拉伸实体特征（圆柱体）。单击 按钮，再单击 放置 按钮，选取六棱柱体的端面为草绘平面，绘制如图 5-39 所示截面，定义拉伸深度为100。完成后的三维实体如图 5-40 所示。

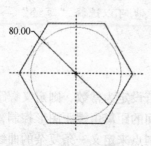

图 5-39　圆柱体截面　　　　　　　　　　　图 5-40　三维实体

步骤 4. 创建孔特征。单击 按钮，再单击 放置 按钮，选择圆柱体端面为孔的放置平面，放置类型为"径向"，选取圆柱体轴线和穿过该轴线的一个基准平面为第二参照，设置孔的直径为70，深度为"切穿"，如图 5-41 所示。单击 按钮，完成孔特征的创建。

步骤 5. 创建倒角特征。在拉伸圆柱体的下端外沿创建倒角，倒角形式为"45×D"，D取 2，如图 5-42 所示。

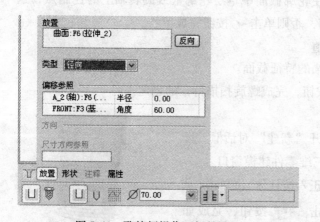

图 5-41　孔特征操作面板的设置　　　　　　图 5-42　倒角特征设置

步骤 6. 创建螺纹特征。

1) 选择"插入"→"螺旋扫描"→"切口"命令，系统弹出如图 5-43 所示的"切剪：螺旋扫描"对话框和如图 5-44 所示的菜单管理器，接受系统默认的设置，选择"完成"命令，系统出现"设置草绘平面"菜单管理器，选取穿过圆柱体轴线的基准平面作为草绘平面，选择"正向"命令，将六棱柱的顶面设置为"顶"，如图 5-45 所示，进入草绘窗口。

2) 完成如图 5-46 所示的二维图形，作为螺旋扫描的外形线，然后单击 按钮，退出草绘窗口。

3) 按照信息栏的提示，输入螺距值5。绘制如图 5-47 所示截面，单击 按钮，确认切除材料方向为"正向"，如图 5-48 所示，单击 确定 按钮。完成螺旋扫描特征的创建。

图 5-43 "切剪:螺旋扫描"对话框

图 5-44 菜单管理器

图 5-45 设置参照

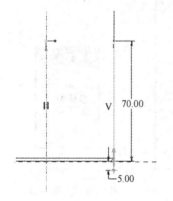

图 5-46 螺旋扫描外形线

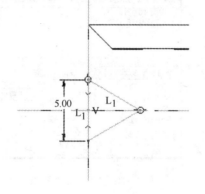

图 5-47 去除材料的截面

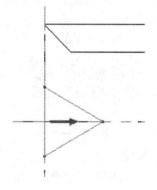

图 5-48 切除材料方向

步骤 7. 创建螺纹尾部的特征。应使用"旋转混合"的方法来完成螺纹的尾部特征。

1）选择"插入"→"混合"→"切口"命令,在如图 5-49 所示"混合选项"菜单管理器中,选择"旋转的"→"规则截面"→"草绘截面"→"完成"命令。

2）如图 5-50 所示,在弹出的"属性"菜单管理器中,选择"光滑"→"开放"→"完成"命令,出现如图 5-51 所示"设置草绘平面"菜单管理器。

图 5-49 "混合选项"菜单管理器

图 5-50 设置属性

图 5-51 设置草绘平面

3）选择如图 5-52 所示的螺纹尾部截面（三角形截面）作为草绘平面，在"方向"菜单管理器中单击"正向"，将六棱柱顶面设置为"顶面"，加选圆柱体的轴心线为参照，如图 5-53 所示。关闭"参照"对话框，进入草绘截面窗口。单击 回 按钮，系统弹出如图 5-54 所示对话框，单击"环"单选按钮，选取螺纹尾部的三角形截面为二维截面图，并添加坐标系于圆柱体轴线上，单击 ✔ 按钮，完成第一个截面的绘制，如图 5-55 所示。

4）按提示输入旋转角：120°，进入草绘窗口，绘制第二个截面，如图 5-56 所示（第二个截面图形为一个点，该点在圆柱体的外表面上）。单击 ✔ 按钮后，选择"光滑"命令，默认材料切除方向指向截面内，单击"正向"。在如图 5-57 所示对话框中，确认在第一端时应该相切，依次选择与第一剖面相切的要素，第二端时单击"否"按钮。最后单击对话框中的 确定 按钮，完成螺纹尾部特征的创建。

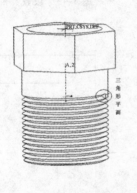

图 5-52 选择草绘平面

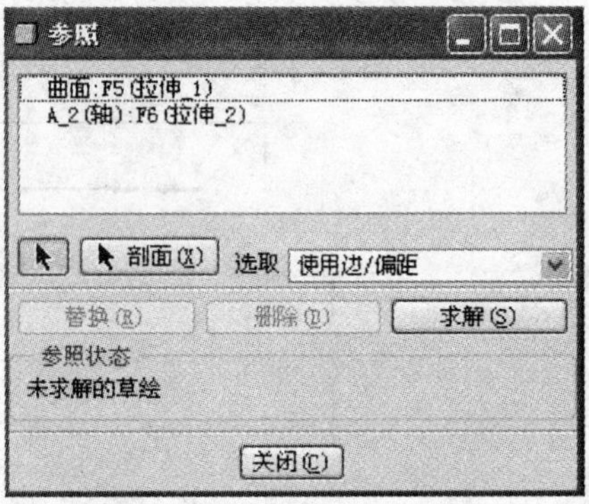

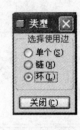

图 5-53 选择参照 图 5-54 选取方式

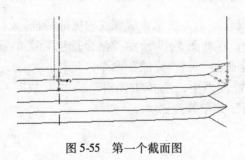

图 5-55 第一个截面图

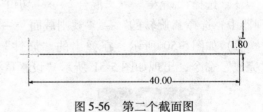

图 5-56 第二个截面图

图 5-57 相切条件设置

练　习

5-1 创建六角螺栓，如图 5-58 所示。

5-2 创建如图 5-59 所示的三维零件。

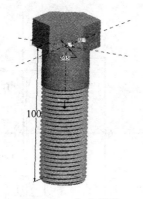

图 5-58 六角螺栓

图 5-59 三维零件

注意：

1）创建拉伸实体，其深度为 20。截面如图 5-60 所示。

2）建立圆角特征。选择四条竖边进行倒角，半径为 15。得到的模型如图 5-61 所示。

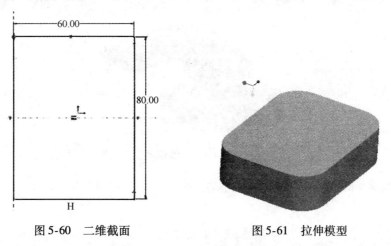

图 5-60 二维截面

图 5-61 拉伸模型

3）单击 按钮，建立曲线特征，绘制如图 5-62 所示的曲线。

4）创建扫描混合特征。选择"插入"→"扫描混合"命令。以上一步建立的曲线作扫描轨迹线，分别在两个端点及两个中间点绘制如图 5-63～图 5-65 所示截面，得到如图 5-66 所示模型。

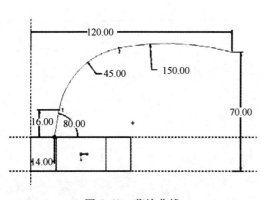

图 5-62 草绘曲线

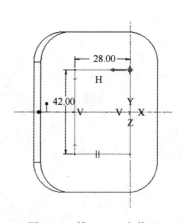

图 5-63 第一、二个截面

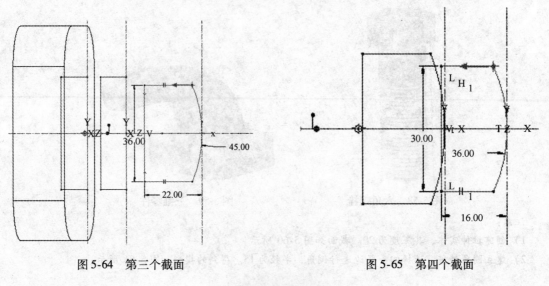

图 5-64　第三个截面　　　　　　　　　　图 5-65　第四个截面

图 5-66　三维模型

5) 创建全圆角及倒角特征, 半径为 3; 并保存文件。

第6章 编辑特征

知识目标

✧ 了解特征的复制和阵列的基本概念、方法和技巧。

能力目标

✧ 能利用特征的复制和阵列功能来完善设计，巧妙地使用特征的各项操作方法简化设计过程，轻松实现设计意图。

6.1 特征复制

特征复制主要用于将相同或不同模型中的特征，复制到当前模型中的其他位置。用于建立一个或多个特征的副本，即一次只能复制出一个，但其对每个特征的操作性较高，复制中允许改变特征参考和尺寸标注值。在 Pro/ENGINEER Wildfire 4.0 中，特征复制可分为镜像复制、平移复制和新参考复制等多种方法。

6.1.1 镜像复制

镜像复制就是通过指定一个镜像平面来镜像源特征，即创建一个源特征的副本特征的方法。副本特征和源特征的尺寸大小、形状完全一样。其一般操作方法是：选取"编辑"→"特征操作"命令，系统弹出"特征"菜单管理器。选取"复制"命令，系统弹出"复制特征"菜单管理器，依次单击"复制"→"选取"→"独立"→"完成"，系统弹出"选取特征"菜单管理器。在图形区域中选取要镜像的源特征（图6-1），单击"完成"按钮，系统弹出"设置平面"菜单管理器，选取 FRONT 基准平面作为镜像平面，单击"完成"按钮即完成源特征的镜像复制。结果如图6-2 所示。

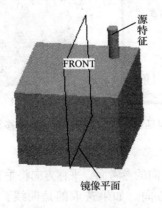 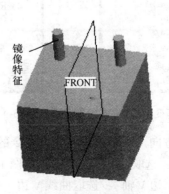

图6-1 选取镜像平面   图6-2 创建镜像特征

"复制特征"菜单管理器中各命令的含义为

"新参考"：创建特征的新参考复制。

"相同参考"：创建特征的相同参考复制。

"镜像"：创建特征的镜像复制。

"移动"：创建特征的移动复制。

"不同模型"：从不同的三维模型中选取特征进行复制，仅在"新参考"命令下生效。

"不同版本"：从同一个三维模型不同版本中选取特征进行复制，在"新参考"或"相同参考"命令下生效。

"独立"：镜像特征的尺寸独立于源特征，即镜像特征或源特征的尺寸发生变更时，相互不影响。

"从属"：镜像特征的尺寸从属于源特征，即镜像特征或源特征的尺寸发生变更时，相互影响。

6.1.2 移动复制

移动复制又分为平移复制和旋转复制两种，它们的操作方式基本相同。下面主要介绍平移复制。

其一般操作方法是：选取"编辑"→"特征操作"命令，系统弹出"特征"菜单管理器。选取"复制"命令，系统弹出"复制特征"菜单管理器，依次单击"移动"→"选取"→"独立"→"完成"，系统弹出"选取特征"菜单管理器。在图形区域中选取要平移复制的源特征（图6-1），单击"完成"按钮，系统弹出"移动特征"菜单管理器，选"平移"命令，系统弹出"选取方向"菜单管理器（包括"平面"、"曲线\边\轴"和"坐标系"三种），选取FRONT基准平面作为平移参考平面（图6-1），系统弹出"方向"菜单管理器，选取"反向"→"正向"，输入偏移数值为50，单击"完成移动"按钮，系统弹出如图6-3所示的"组可变尺寸"菜单管理器，单击"完成"按钮，系统弹出"组元素"对话框，如图6-4所示。单击"确定"按钮完成源特征的平移复制，结果如图6-5所示。

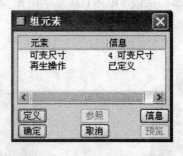

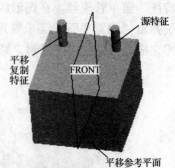

图6-3 "组可变尺寸"菜单管理器　　图6-4 "组元素"对话框　　图6-5 平移复制特征

"平移方向"菜单管理器中各命令的含义为

"平面"：选取一个平面（或基准平面）作为平移方向的参考面，平移方向将垂直此平面。

"曲线\边\轴"：选取曲线\边\轴作为平移方向。如果选取的是曲线，则系统会提示选取该曲线上的一个现有基准点来指定其切向。

"坐标系"：选取坐标系的一个轴作为其平移方向。

另外，"组可变尺寸"对话框中的 Dim1 ~ 4 这四个复选框，对应的是源特征的高度为60、直径为 20 以及两个定位线性尺寸为 40 的值，如图 6-6 所示。如果有必要，可以选取其中的任意几个来改变对应的值，如果选取 Dim1，并按提示输入 80，则平移复制后的特征的高度由原来的 60 变为 80。如图 6-7 所示。

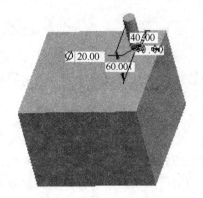

图6-6 修改组可变尺寸

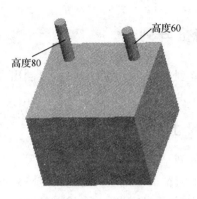

图6-7 平移特征中高度的修改

6.1.3 新参考复制

新参考复制是一种比较灵活的复制方法。其一般操作方法是：选取"编辑"→"特征操作"命令，系统弹出"特征"菜单管理器。选取"复制"命令，系统弹出"复制特征"菜单管理器，依次单击"新参考"→"选取"→"独立"→"完成"。系统弹出"选取特征"菜单管理器，在图形区域中选取要复制的源特征（图6-1），单击"完成"按钮，系统弹出"组可变尺寸"菜单管理器（图6-3）和"组元素"对话框（图6-8）。在"组可变尺寸"菜单管理器中修改复制特征的尺寸或者不修改尺寸直接单击"完成"按钮，系统弹出"参考"菜单管理器（图6-9）并对所选取的源特征用红色显示线性参照。用户可

图6-8 设置复制的源特征

以选取"参考"菜单管理器中的"替换"、"相同"、"跳过"命令来定义复制特征的参照。此处按系统提示的先后顺序依次选取平面 1、2、3、4 来替换源特征的 4 个参照（图6-10），结果如图 6-11 所示。

图6-9 "参考"菜单管理器

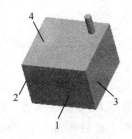

图6-10 重定义参照

图6-11 新参考复制特征

"参考"菜单管理器中的各选项的含义为

"替换"：使用新参照来替换原来的参照。

"相同"：使用与源特征相同的参照。

"跳过"：跳过当前参照，以后可以重新定义参照。

"参照信息"：提供解释放置参照的信息。

6.2　特征阵列

特征阵列是将一个源特征一次复制出多个副本特征的一种创建特征的方法。但系统不允许一次指定两个以上特征执行阵列功能。

6.2.1　尺寸阵列

尺寸阵列是通过选择特征的定位尺寸来控制阵列的方向和阵列参数的一种阵列方法。指的是在原形特征的基础上，通过指定阵列参考尺寸的增量及该方向的特征复制总数来产生阵列特征。执行尺寸阵列时，允许设定一到两个阵列方向，但每个方向都必须指定参考尺寸及其增量、特征复制的总数两项参考。每个阵列方向允许指定多个参考尺寸。

1.　矩形阵列

其一般操作过程为

步骤1. 将零件打开，如图6-12所示。

步骤2. 在图形区域中选取要阵列的源特征，此时右侧工具条阵列按钮图标▦被激活，单击该图标（或在模型树中选取要阵列的源特征，右击，系统弹出快捷菜单，选取"阵列"），此时系统会弹出操控面板，如图6-13所示。

图6-12　源特征

图6-13　阵列特征操作面板

步骤3. 在操控面板中选择"阵列类型"为"尺寸"（图6-13中圆圈位置），"选项"选择"一般"（此两项均为缺省值）。

步骤4. 单击操控面板上的"尺寸"按钮，系统弹出"尺寸"上滑面板（图6-14）设置其方向，单击"方向1"栏中"尺寸"下的"选取项目"来设置第一方向驱动尺寸（图6-15），并输入增量尺寸为60。

步骤5. 如有必要可以进行第二方向上的阵列。在"尺寸"上滑面板（图6-16），单击"方向2"栏中"尺寸"下的"单击此处添加"来设置第二方向驱动尺寸（图6-17），并输入增量尺寸为50。

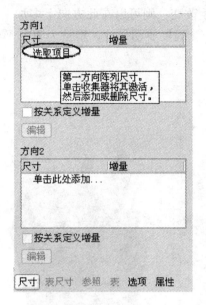

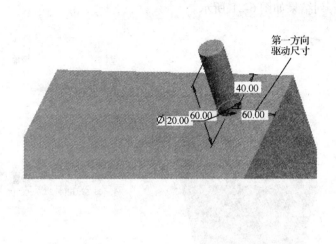

图 6-14 设置第一方向驱动尺寸　　　　图 6-15 选取第一方向驱动尺寸

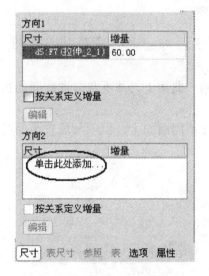

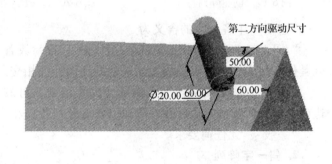

图 6-16 设置第二方向驱动尺寸　　　　图 6-17 选取第二方向驱动尺寸

步骤 6. 关闭上滑面板，在操控面板中设置两个方向上阵列的个数，如 3 和 4（图 6-18）。

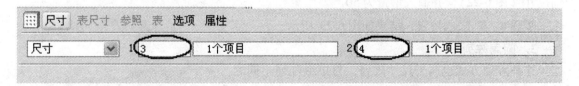

图 6-18 阵列特征操作面板

步骤 7. 单击☑按钮，结果如图 6-19 所示。

步骤 8. 如果在某个方向上要求阵列的对象高度值发生改变，则可以在此方向上多加一个高度驱动尺寸，如图 6-20 所示。在"方向 1"上增加一个高度驱动尺寸，增量为 20，阵列结果如图 6-21 所示。

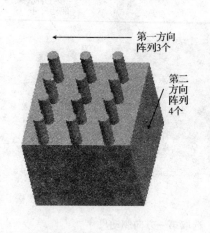

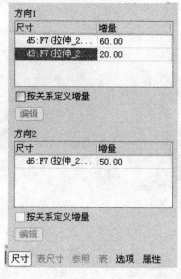

图 6-19　创建阵列特征　　　　图 6-20　修改驱动尺寸　　　　图 6-21　修改后的阵列特征

"选项"中各命令的含义为

"相同"：所有阵列出的实例尺寸大小一致，放置在同一曲面上，并不与放置曲面的边或其他任何实例的边以及放置面以外的任何特征相交。

"可变"：所有阵列出的实例尺寸大小可变，可放置在不同曲面上，但不与放置曲面的边或其他任何实例的边以及放置面以外的任何特征相交。

"一般"：无任何要求。

2. 斜一字阵列

其一般操作过程为

步骤 1. 将零件打开，如图 6-12 所示。

步骤 2. 同矩形阵列中步骤 2。

步骤 3. 同矩形阵列中步骤 3。

步骤 4. 同矩形阵列中步骤 4。

步骤 5. 按住〈Ctrl〉键再选取第一方向的第二个驱动尺寸（图 6-22），并输入增量为 50。

步骤 6. 单击✓按钮，结果如图 6-23 所示。

3. 圆周阵列

这种阵列方式也属于尺寸阵列，与矩形阵列不同之处在于，它的驱动尺寸应为圆周方向的角度尺寸（图 6-24）。其他操作方法可参考矩形阵列。圆周阵列结果如图 6-25 所示。

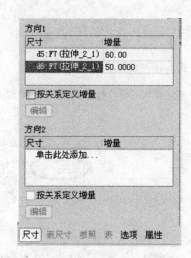

图 6-22　设置第一方向的第二个驱动尺寸

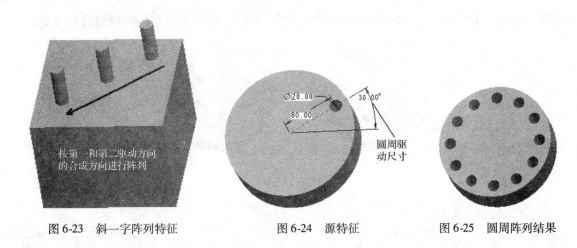

图 6-23　斜一字阵列特征　　　　图 6-24　源特征　　　　图 6-25　圆周阵列结果

6.2.2　方向阵列

当定位尺寸不充分或根本没有定位尺寸时，此时如果要创建沿一定方向的阵列特征，就会因缺少驱动尺寸而不能顺利进行，而使用"方向"阵列可以达到设计目的。具体操作过程是：阵列类型为"方向"，然后在操控面板上分别单击"方向1"和"方向2"中的圆圈位置（图 6-26）来设置阵列的参照方向，并参照图 6-27 依次选取两边作为阵列的参照方向，并输入阵列的个数即可。结果如图 6-28 所示。

图 6-26　阵列特征操作面板

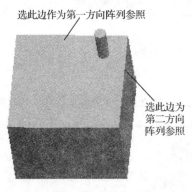

图 6-27　选取阵列参照

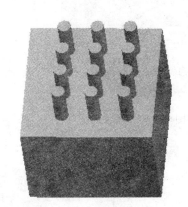

图 6-28　方向阵列

6.2.3　轴阵列

轴阵列是通过围绕一个选定的旋转轴（参照轴）创建特征副本的一种阵列方式。它可以在角度和径向两个方向上进行阵列（图 6-29b）。具体操作时要注意，先将阵列类型指定为"轴"，如图 6-30 所示。并在图形区域中指定参照轴（图 6-29a中的 A_2 轴），再分别设置第一方向（角度方向）的阵列数目和角度，第二方向（径向方向）的阵列数目和增量。

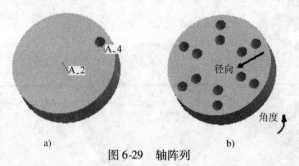

图 6-29　轴阵列

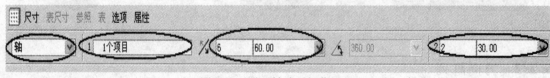

图 6-30　设置轴阵列操作面板

6.2.4　参照阵列

　　顾名思义，参照阵列就是参照已有的阵列来建立新的阵列，此命令的前提条件是必须已有阵列特征。如图 6-29 所示的轴阵列，在其源特征上倒圆角（图 6-31），阵列圆角特征时，阵列类型选取"参照"（图 6-32），即可完成如图 6-33 所示的参照阵列。

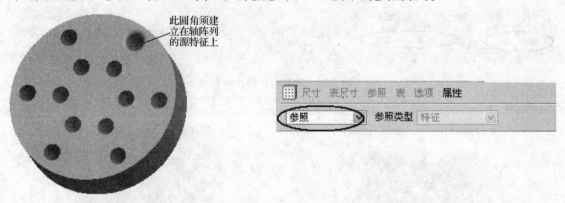

图 6-31　选择源特征　　　　　　　　　　　图 6-32　设置参照阵列操作面板

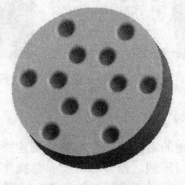

图 6-33　参照阵列

6.2.5 曲线阵列

曲线阵列就是以曲线作为参照进行阵列。阵列后的特征沿曲线进行分布。操控面板的设置如图 6-34 所示。阵列类型选取"曲线",参照曲线可以选取已有的基准曲线或单击"参照"按钮来草绘。阵列数目通过指定沿曲线增量或是沿曲线分布的数量来确定,曲线阵列结果如图 6-35 所示。

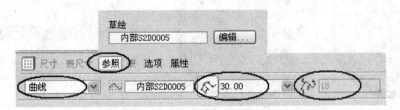

图 6-34 曲线阵列操作面板

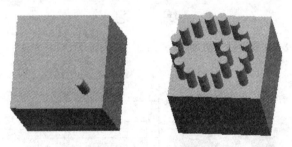

图 6-35 曲线阵列

6.2.6 填充阵列

填充阵列可以通过定义一个区域自动进行阵列。阵列时,特征的分布可以有:正方形、圆形、菱形、曲线形、三角形和螺旋形等几种方式(图 6-36)。

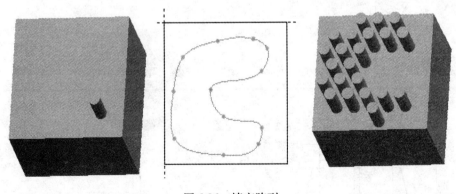

图 6-36 填充阵列

6.2.7 组阵列

如果一次要阵列几个特征,可以考虑用组阵列来实现,如图 6-37 所示。具体操作方法是：先将要阵列的圆孔和倒圆角特征编成一个组，可以在模型树中将这两个特征选中，右击鼠标，系统弹出快捷菜单，选取"组"命令（图6-38），再执行组阵列操作即可。

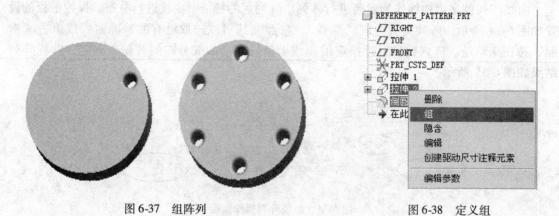

图 6-37　组阵列　　　　　　　　　　　　　　　图 6-38　定义组

练　习

6-1　按图6-39所示尺寸完成零件1的创建。

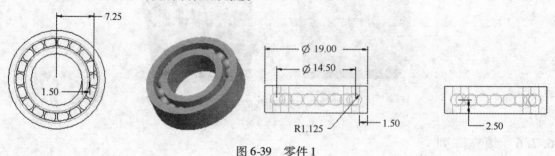

图 6-39　零件1

6-2　按图6-40所示尺寸完成零件2的创建。

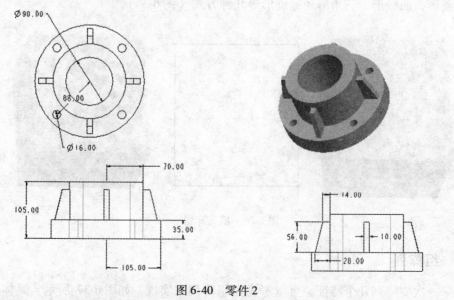

图 6-40　零件2

6-3 按图 6-41 所示尺寸完成零件 3 的创建。

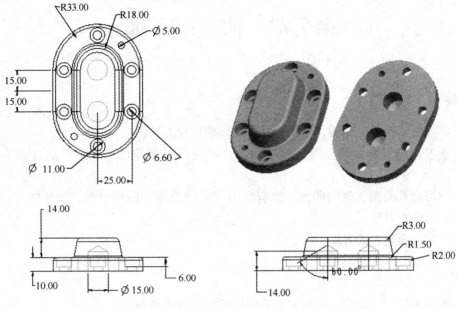

图 6-41 零件 3

第7章 曲面特征

知识目标

◇ 学习使用拉伸、旋转、扫描和混合曲面的创建方法。

◇ 学习扫描混合曲面、螺旋扫描曲面、可变剖面扫描曲面、边界混合曲面的创建方法。

◇ 学习合并曲面、复制曲面、修剪曲面、延伸曲面、偏移曲面、加厚曲面、实体化曲面等曲面编辑的方法。

◇ 学习曲面造型的方法。

能力目标

◇ 能使用拉伸、旋转、扫描和混合曲面的方法创建曲面。

◇ 能使用扫描混合、螺旋扫描、可变剖面扫描、边界混合的方法创建曲面。

◇ 能用合并、复制、修剪、延伸、偏移、加厚、实体化等方法编辑曲面。

◇ 能用曲面造型的方法创建曲面。

7.1 基本概念

曲面是构建复杂模型的重要部分，Pro/ENGINEER Wildfire 4.0 提供了强大的曲面设计功能。回顾 CAD 技术的发展历程不难发现，曲面技术的发展为表达实体模型提供了更加有效的工具。在现代化的复杂产品设计中，曲面应用广泛。例如，汽车、飞机、轮船等具有漂亮外观和优良物理性能的表面结构，通常使用参数曲面来构建。

7.1.1 曲面

曲面是一种几何特征，没有质量和厚度等物理属性，主要用来表达复杂零部件的表面。

7.1.2 曲面的线框

曲面以线框显示时，边线的颜色是这样规定的：① 边界线：粉红色，为单侧边，表示边的一侧为此特征的曲面，另一侧不属于此特征。② 棱线：紫红色，为双侧边，表示边的两侧均为此特征的曲面。如图 7-1 所示。

7.1.3 曲面网格

（1）曲面网格显示的作用　直观显示曲面形状。

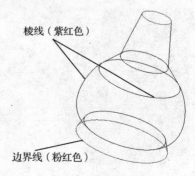

棱线（紫红色）

边界线（粉红色）

图 7-1　曲面的线框

（2）曲面网格显示的方法　单击"视图"→"模型设置"→"网格曲面"命令，选择"曲面"，并设定网格疏密，如图 7-2 所示。

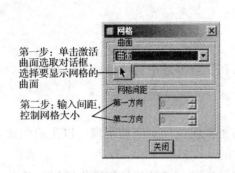

图 7-2　曲面网格

（3）曲面网格的消失　单击"视图"→"重画"命令，模型恢复原状态。

7.1.4　曲面特征的建立过程与使用方法

步骤 1. 建立单个曲面。使用曲面特征建立方法生成一个或多个曲面。

步骤 2. 整合曲面。使用曲面特征的编辑方法，将各个独立曲面特征整合为一个面组。

步骤 3. 实体化曲面。使用"加厚"、"实体化"等曲面编辑方法将曲面特征转化为实体特征，如图 7-3 所示。

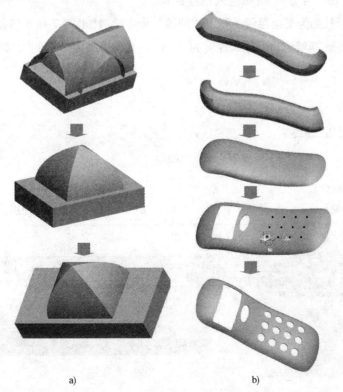

a)　　　　　　　　　　b)

图 7-3　曲面特征的建立过程

7.2　创建曲面

7.2.1　创建基本曲面

基本曲面特征是指使用拉伸、旋转、扫描和混合等常用三维建模方法创建的曲面特征，其创建原理和实体特征类似。

1. 创建拉伸曲面

拉伸曲面就是沿着与草绘平面垂直的方向将截面拉伸一定的距离，以生成曲面的方法。拉伸曲面的截面可以是封闭的，也可以是开放的。

步骤 1. 在工具栏上单击"拉伸"按钮 ，系统打开拉伸特征操作面板。单击"曲面"→"放置"→"定义"按钮，选取 FRONT 基准平面为草绘平面，接受系统默认的参照平面，单击"草绘"按钮，进入草绘窗口。

步骤 2. 利用"圆"命令绘制如图 7-4 所示的圆形截面。单击 ✔ 按钮完成截面的草绘，退出草绘窗口。输入深度为"300"，拉伸方式为"双侧"，如图 7-5 所示。单击 ✔ 按钮完成拉伸的圆柱体曲面特征的创建，如图 7-6 所示。

步骤 3. 对圆柱曲面进行修剪。单击"拉伸"→"曲面"→"修剪"按钮，在绘图区中选取目的曲面，单击"放置"→"定义"按钮，选取 RIGHT 基准平面为草绘平面，接受默认的参照平面，单击"草绘"按钮进入草绘窗口。

步骤 4. 选取圆柱面为草绘参照，利用"圆弧"命令绘制如图 7-7 所示的截面。单击 ✔ 按钮完成截面的草绘，退出草绘窗口。输入深度为"130"，拉伸方式为"双侧"，如图 7-8 所示。

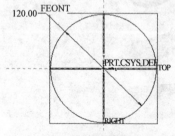

图 7-4　拉伸截面

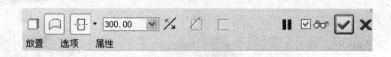

图 7-5　拉伸特征操作面板

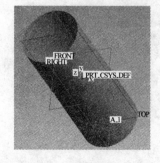

图 7-6　拉伸曲面

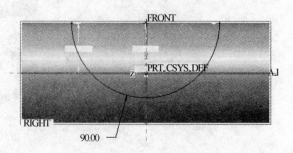

图 7-7　草绘截面

图 7-8 拉伸修剪特征操作面板

步骤 5. 单击 ✔ 按钮完成修剪圆柱曲面，如图 7-9 所示。

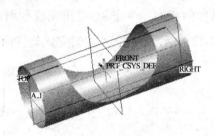

图 7-9 拉伸修剪曲面

拉伸曲面特征的创建，其截面可以是不封闭的，如图 7-10a 所示的截面，得到的曲面如图 7-10b 所示。

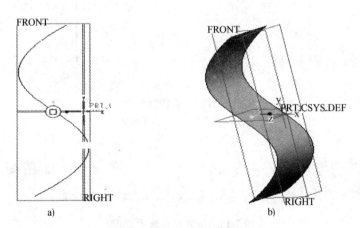

图 7-10 不封闭截面及其曲面

采用封闭截面创建曲面时，还可以指定是否创建两端封闭的曲面，方法是在控制板上单击"选项"按钮，再选取"封闭端"复选框，如图 7-11 所示。

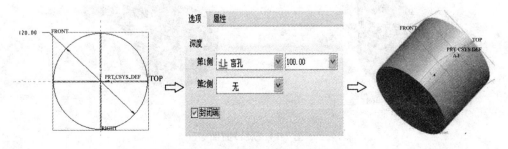

图 7-11 创建两端封闭的曲面

2. 创建旋转曲面

旋转曲面就是将某一截面图形绕着某个中心轴旋转一定角度来生成曲面的方法。旋转曲面的截面可以是封闭的，也可以是开放的。

步骤1. 在工具栏上单击"旋转"按钮 ⊕，系统打开旋转特征操作面板，单击"曲面"→"位置"→"定义"按钮，选取 FRONT 基准平面为草绘平面，接受系统默认的参照平面，单击"草绘"按钮进入草绘窗口。

步骤2. 绘制如图 7-12 所示的截面，单击 ✔ 按钮完成截面的草绘，退出草绘窗口。输入旋转角度为"360"，如图 7-13 所示。单击 ✔ 按钮完成旋转曲面，结果如图 7-14 所示。

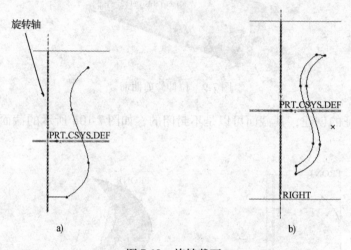

图 7-12　旋转截面
a）开放截面　b）封闭截面

图 7-13　旋转特征操作面板

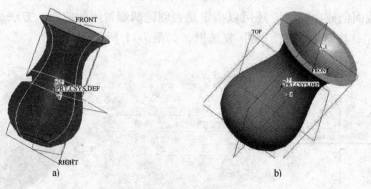

图 7-14　旋转曲面
a）开放截面旋转曲面　b）封闭截面旋转曲面

步骤 3. 对曲面进行修剪。单击"旋转"→"曲面"→"修剪"按钮，在"加厚草绘"文本框中输入厚度为"2"，旋转特征操作面板如图 7-15 所示。在绘图区中选取目的曲面，单击"位置"→"定义"按钮，选取 FRONT 基准平面为草绘平面，接受系统默认的参照平面，单击"草绘"按钮进入草绘窗口，绘制如图 7-16a 所示的截面，其修剪结果如图 7-16b 所示。

图 7-15　旋转特征操作面板

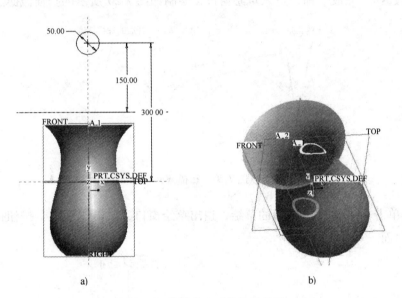

a)　　　　　　　　　　　　　　b)

图 7-16　旋转截面及其修剪结果

a）旋转截面　b）修剪结果

3. 创建扫描曲面

扫描曲面就是沿着指定的轨迹扫描截面，从而生成曲面的方法。创建过程主要包括设置扫描轨迹线以及草绘截面图两个基本步骤。轨迹线和扫描截面均可以是开放的，也可以是封闭的。

步骤 1. 在零件设计窗口中，选择菜单栏中"插入"→"扫描"→"曲面"命令，系统弹出如图 7-17 所示的菜单管理器，选择"草绘轨迹"命令，选取 FRONT 基准平面作为草绘平面，接受系统默认的参照平面，单击"草绘"按钮进入草绘窗口。

图 7-17　"扫描轨迹"菜单管理器

步骤 2. 绘制如图 7-18 所示的扫描轨迹（练习时可以随意创建）。单击 ✔ 按钮完成轨迹的草绘，退出草绘窗口。这时，系统会弹出如图 7-19 所示的"属性"菜单管理器来确定曲面创建完成后端面是否闭合。如果选择"开放终点"命令，则生成的曲面两端开放不封闭。如果选择"封闭端"命令，则两端面封闭。

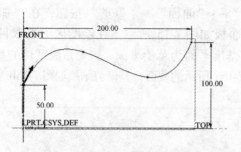

图 7-18 扫描轨迹   图 7-19 "属性"菜单管理器

步骤 3. 选择"完成"命令进入草绘窗口，绘制如图 7-20 所示的扫描截面。

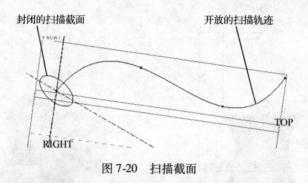

图 7-20 扫描截面

步骤 4. 单击 ✔ 按钮完成截面的草绘，退出草绘窗口，单击"确定"按钮得到如图7-21 所示的扫描曲面。

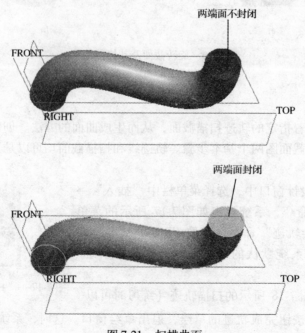

图 7-21 扫描曲面

创建扫描曲面的时候，扫描轨迹可以是封闭的，扫描截面可以是开放的，如图 7-22 所示，得到的曲面如图 7-23 所示。

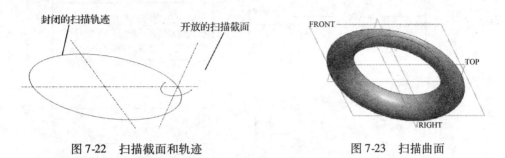

图 7-22 扫描截面和轨迹   图 7-23 扫描曲面

4. 创建混合曲面

混合曲面是将多个截面图形混合而生成曲面的方法。混合曲面包括平行混合、旋转混合和一般混合三种混合方式。

（1）平行混合 每个截面是相互平行的，然后为相邻截面指定间距，最后将这些截面混合生成曲面，如图 7-24 所示。

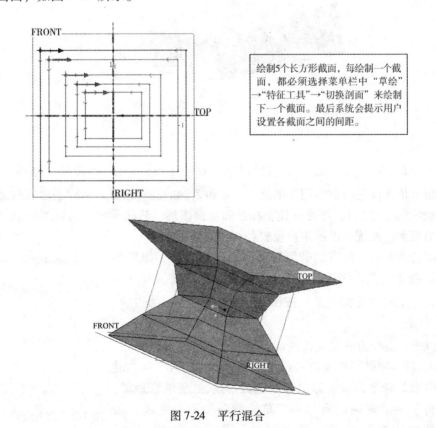

> 绘制5个长方形截面，每绘制一个截面，都必须选择菜单栏中"草绘"→"特征工具"→"切换剖面"来绘制下一个截面。最后系统会提示用户设置各截面之间的间距。

图 7-24 平行混合

（2）旋转混合 混合截面绕 Y 轴旋转，最大角度可达 120°。每个截面都单独草绘并用截面坐标对齐。创建旋转混合曲面时，绘制每个截面之前必须先创建一个坐标系，其中，第 1 个截面的坐标系被作为基准坐标系，其他截面的坐标系要与之对齐，如图 7-25 所示。

（3）一般混合 是平行混合和旋转混合的综合。创建这种混合时，可首先在选定基准

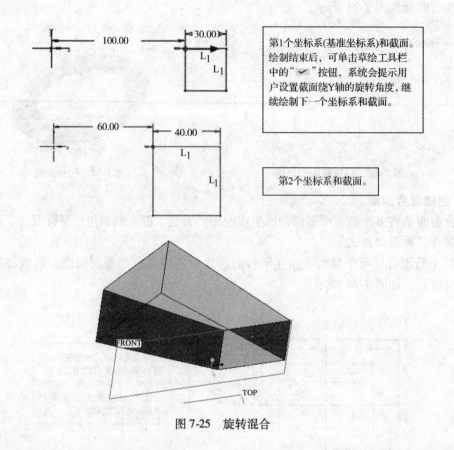

图 7-25   旋转混合

面上创建坐标系和绘制截面图形，然后可单击草绘工具栏中的 ✓ 按钮（继续当前部分），在操作面板上依次设置当前绘图平面绕 X、Y 和 Z 轴的旋转角度，从而创建新的虚拟绘图平面（该平面实际不存在），继续创建坐标系和截面图形。依次类推，可继续绘制其他截面图形。绘制结束后，系统会提示用户设置各截面间的距离。

创建混合曲面时，所有的截面必须有相同的边数（如果各截面都是圆或者椭圆，则无此要求）。如果边数不同，可以单击草绘工具栏中的"分割图元"按钮 ⌐⊏ 增加截面图形的边数，如图 7-26 所示。

通过分割图元来增加截面的边数

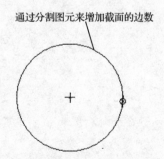

图 7-26   增加截面边数的方法

下面以平行混合方式来具体说明混合曲面的创建过程。

步骤 1. 进入零件设计窗口，选择菜单栏中"插入"→"混合"→"曲面"命令，系统弹出如图 7-27 所示的菜单管理器。选择"平行"→"规则截面"→"草绘截面"→"完成"命令，系统弹出如图 7-28 所示的"属性"菜单管理器，选择"直的"→"开放终点"→"完成"命令，系统弹出如图 7-29 所示的"设置草绘平面"菜单管理器，保持系统默认项不变，从绘图区中选取 FRONT 基准平面作为草绘平面，系统弹出如图 7-30 所示的"方向"菜单，选择"正向"命令。系统弹出如图 7-31 所示的"草绘视图"菜单，选择"缺省"命令，进入草绘窗口。

图 7-27 "混合选项"菜单管理器   图 7-28 "属性"菜单管理器   图 7-29 "设置草绘平面"菜单管理器

图 7-30 "方向"菜单   图 7-31 "草绘视图"菜单

步骤 2. 绘制如图 7-32 所示的第 1 个截面图。选择菜单栏中"草绘"→"特征工具"→"切换截面"命令,绘制第 2 个截面(边数应该与第 1 个截面相同),如图 7-33 所示。单击 ✓ 按钮,系统弹出如图 7-34 所示的"深度"菜单管理器,选择"盲孔"→"完成"命令。在弹出的如图 7-35 所示的"输入截面 2 的深度"文本框中,输入两个截面之间的深度值为"300",单击"✓"按钮。在如图 7-36 所示的"曲面:混合,平行,规则"对话框中单击"确定"按钮,生成如图 7-37 所示的混合曲面。

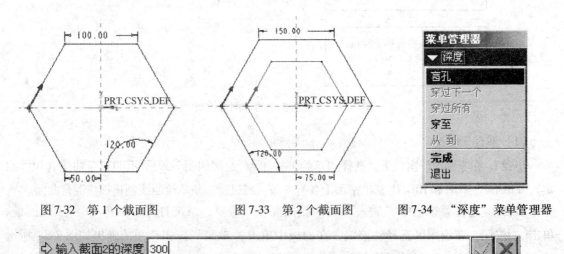

图 7-32 第 1 个截面图   图 7-33 第 2 个截面图   图 7-34 "深度"菜单管理器

图 7-35 "输入截面 2 的深度"文本框

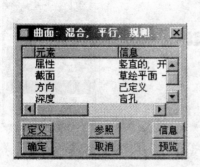

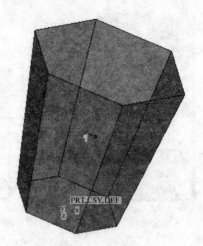

图 7-36 "曲面：混合，平行"对话框 图 7-37 混合曲面

7.2.2 创建高级曲面

1. 创建扫描混合曲面

扫描混合的剖面控制有三个选项如图 7-38 所示。

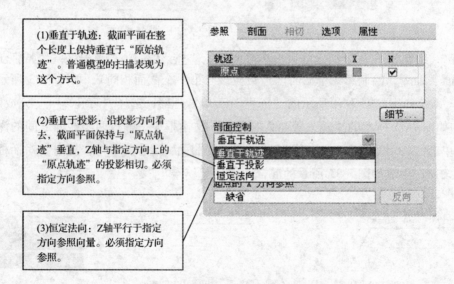

图 7-38 参照面板中的"剖面控制"

（1）垂直于轨迹

步骤 1. 在零件设计窗口下，选择"草绘"按钮 ▨ 绘制如图 7-39 所示的三条曲线（尺寸自定），FRONT、TOP 和 RIGHT 基准平面上各有一条，通过这三条草绘曲线创建扫描混合曲面。

步骤 2. 选择菜单栏中"插入"→"扫描混合"命令，系统打开如图 7-40 所示的面板。单击 ▨ 按钮，在绘图区选择轨迹线，在面板中单击"参照"按钮，系统弹出如图 7-38 所示的"参照"面板，在"剖面控制"中选择"垂直于轨迹"，在面板中单击"剖面"按钮，系统弹出如图 7-41 所示的"剖面"面板，各项含义见图上说明。单击"所选截面"单选按钮→在绘图区中选取第一截面→在"剖面"面板中单击"插入"→在绘图区中选取第 2 截面→单击 ✔ 按钮，完成创建扫描混合曲面特征，如图 7-42 所示。

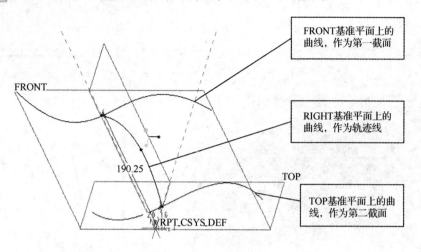

图 7-39 三条草绘曲线

图 7-40 扫描混合特征操作面板

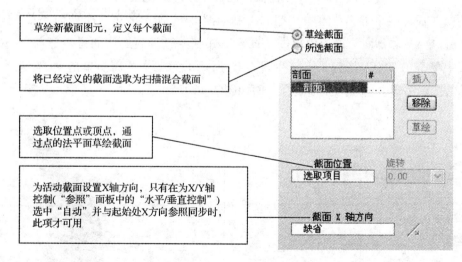

图 7-41 "剖面"面板

（2）垂直于投影 详见图 7-38。

（3）恒定法向

下面以一个实例来说明恒定法向扫描混合曲面的创建过程：

⊖ 剖面与截面有相同意义。

步骤 1. 在菜单栏中选择"插入"→"扫描混合"命令，单击 ⊠ 按钮，选择基准平面 FRONT 作为草绘平面，单击鼠标中键进入草绘窗口，绘制如图 7-43 所示的轨迹线，单击 ✔ 按钮退出草绘窗口。

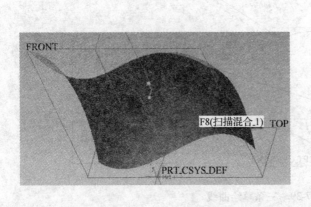

图 7-42　扫描混合曲面　　　　　　　　　　图 7-43　轨迹线

步骤 2. 在操作面板中单击 ▶ →"参照"按钮，在"剖面控制"下拉列表框中选择"恒定法向"→在绘图区中选择 Y 轴→在操作面板中单击"剖面"→选择轨迹线的一个端点→在"剖面"面板中单击"草绘"按钮。绘制如图 7-44 所示的第一个截面→单击 ✔ 按钮退出草绘窗口→在"剖面"面板中单击"插入"按钮→选择轨迹线的另一个端点→在"剖面"面板中单击"草绘"按钮，绘制如图 7-45 所示的第二个截面→单击 ✔ 按钮退出草绘窗口→单击鼠标中键，创建的扫描混合曲面如图 7-46 所示。

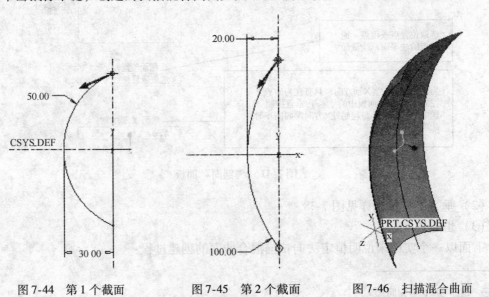

图 7-44　第 1 个截面　　　　　　图 7-45　第 2 个截面　　　　　图 7-46　扫描混合曲面

2. 创建螺旋扫描曲面

螺旋扫描曲面特征就是将某一截面沿着轨迹线的方向绕着某条中心线进行螺旋扫描曲面的操作。下面以创建弹簧为例来说明螺旋扫描曲面的创建过程。

在零件设计窗口下，选择菜单栏中"插入"→"螺旋扫描"→"曲面"命令，系统弹出如图 7-47 所示对话框和图 7-48 所示的"属性"菜单管理器，在"属性"菜单管理器下选择"常数"→"穿过轴"→"右手定则"→"完成"命令，系统弹出如图 7-49 所示的"设置草绘平面"菜单管理器，保持系统默认项不变，选择 TOP 基准平面作为草绘平面，弹出如图 7-50 所示的"方向"菜单，选择"正向"命令，系统弹出如图 7-51 所示的"草绘视图"菜单，选择"缺省"命令进入草绘窗口。绘制如图 7-52 所示的扫引轨迹（一条中心线和一条轨迹线），单击 ✔ 按钮，系统

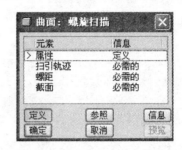

图 7-47　"曲面：螺旋扫描"对话框

弹出如图 7-53 所示的"输入节距值"文本框，输入"50"，单击 ✔ 按钮返回草绘窗口。绘制如图 7-54 所示的螺旋扫描截面，单击 ✔ 按钮，再单击"曲面：螺旋扫描"对话框中的"确定"按钮，完成螺旋扫描曲面的创建，如图 7-55 所示。

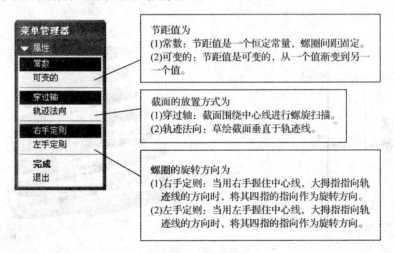

图 7-48　属性菜单栏

图 7-49　"设置草绘平面"
菜单管理器

图 7-50　"方向"菜单栏

图 7-51　"草绘视图"菜单

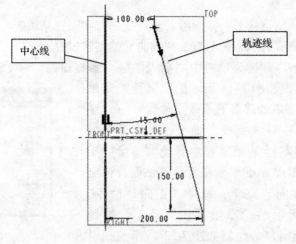

图 7-52 扫引轨迹

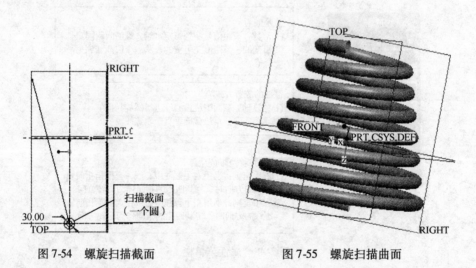

图 7-53 "输入节距值" 文本框

图 7-54 螺旋扫描截面   图 7-55 螺旋扫描曲面

创建变节距的螺旋扫描曲面的方法有以下几点注意事项。

1）在"属性"菜单管理器下选择"可变的"。

2）在绘制轨迹线时，使用"创建点"命令 ✖ 在轨迹线上创建一个或多个节点，如图 7-56 所示。

3）要在"在轨迹起始输入节距值"文本框和"在轨迹末端输入节距值"文本框中各输入数值并单击"√"按钮，如图 7-57 所示。

此时会出现节距变化曲线窗口（图 7-58）和"控制曲线"菜单管理器（图 7-59），如果有必要，还可以通过添加轨迹线上的控制点控制变化曲线，方法是选择"定义"→"添加点"命令，在绘图区单击轨迹线上的节点（图 7-60），系统弹出如图 7-61 所示的"输入节距值"文本框，输入不同的数值可用来控制曲线（这里输入"70"）。

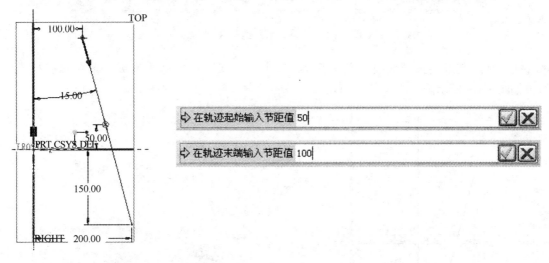

图 7-56　创建节点　　　　　　　　　　　　图 7-57　设置起始、末端节距值

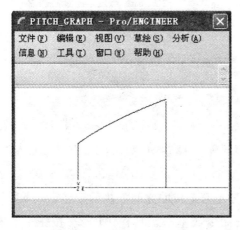

图 7-58　"节距变化曲线"窗口　　　　　　图 7-59　"控制曲线"菜单管理器

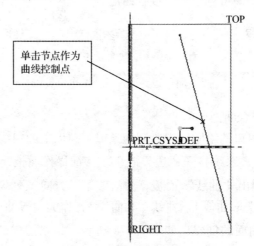

图 7-60　通过节点控制曲线

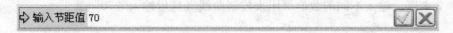

图 7-61 "输入节距值"文本框

接下来绘制螺旋扫描截面（图 7-62），单击"确认"按钮即可生成变节距螺旋扫描曲面，如图 7-63 所示。

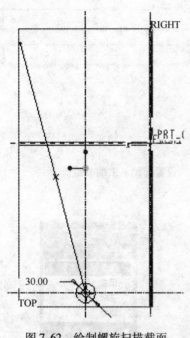

图 7-62 绘制螺旋扫描截面

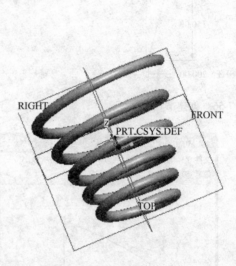

图 7-63 变节距螺旋扫描曲面

3. 创建边界混合曲面

边界混合曲面是选择已有曲线作为边界，混合生成曲面的方法。

选择菜单栏中"插入"→"边界混合"命令或单击工具栏中的 按钮，系统打开如图 7-64 所示的操作面板，即可创建边界混合曲面。

图 7-64 边界混合特征操作面板

（1）创建单向边界混合曲面

步骤 1. 在零件设计窗口的绘图区中绘制两条或两条以上的曲线，如图 7-65 所示。

步骤 2. 单击 按钮，系统打开"边界混合"特征操作面板，如图 7-64 所示。单击面板上的"曲线"按钮，弹出"曲线"面板，激活"第一方向"列表框，如图 7-66 所示。按住〈Ctrl〉键依次按顺序选取曲线 1、曲线 2 和曲线 3，作为边界曲线创建边界混合曲面，单击 按钮完成单向边界曲面的创建，如图 7-67a 所示。如果选中"闭合混合"复选框，可以将曲线 1 和曲线 3 混合生成封闭曲面，如图 7-67b 所示。

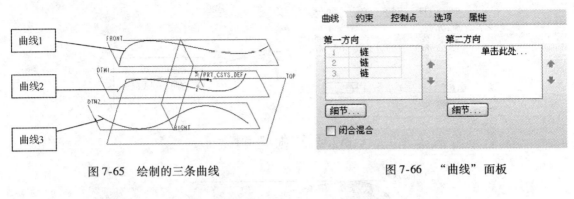

图 7-65 绘制的三条曲线   图 7-66 "曲线"面板

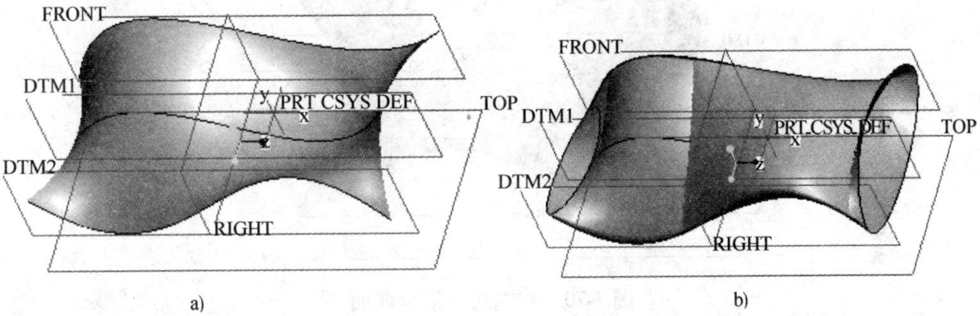

图 7-67 单向边界混合曲面

（2）创建双向边界混合曲面　创建两个方向上的边界混合曲面时，除了指定第一方向的边界曲线外，还必须指定第二方向上的边界曲线。

步骤 1. 在零件设计窗口的绘图区中绘制要使用的曲线，如图 7-68 所示。

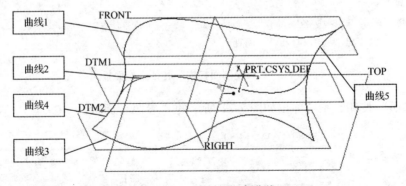

图 7-68 绘制的五条曲线

步骤 2. 单击 按钮，系统打开"边界混合"特征操作面板，单击面板上的"曲线"按钮，系统弹出"曲线"面板，如图 7-69 所示。激活"第一方向"列表框，按住〈Ctrl〉键依次按顺序选取曲线 1、曲线 2 和曲线 3 作为第一方向上的曲线，激活"第二方向"列表框，按住〈Ctrl〉键依次按顺序选取曲线 4 和曲线 5 作为第二方向上的曲线，单击 按钮完成双向边界混合曲面的创建，如图 7-70 所示。

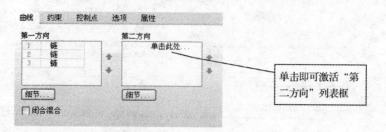

图 7-69　"曲线"面板

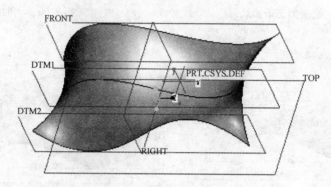

图 7-70　双向边界混合曲面

4. 创建可变剖面扫描曲面

可变剖面扫描的功能就是使剖面沿着轨迹线和轮廓线扫描，剖面的形状大小将随着轨迹线和轮廓线而变化，轨迹线及轮廓线可以选择现有的曲线，也可以在创建曲面的过程中草绘。

在菜单栏中选择"插入"→"可变剖面扫描"命令或单击工具栏中的 按钮，即可打开"可变剖面扫描"特征操作面板，如图 7-71 所示。

图 7-71　"可变剖面扫描"特征操作面板

单击"参照"按钮，系统弹出如图 7-72 所示的"参照"面板。

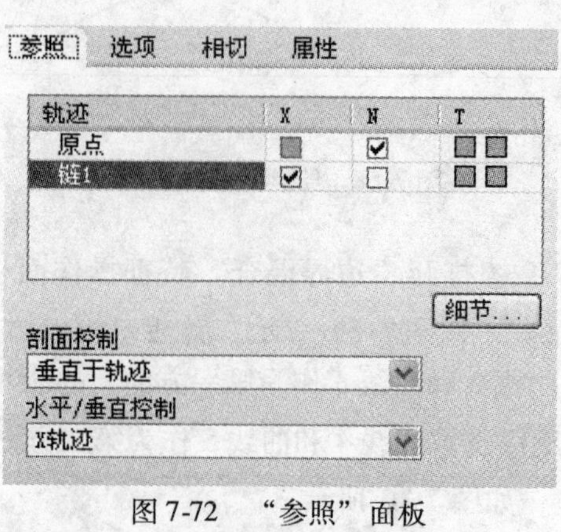

图 7-72　"参照"面板

在"剖面控制"下拉列表框中有三种控制形式供用户选择，如图 7-73 所示。

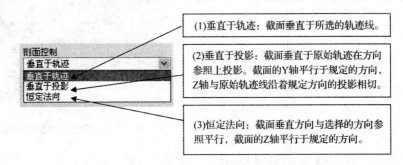

图 7-73　"剖面控制"下拉列表框

"水平/垂直控制"下拉列表框确定扫描截面的定位方式，如图 7-74 所示。

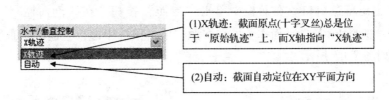

图 7-74　"水平/垂直控制"下拉列表框

可变剖面扫描控制面板的"选项"面板如图 7-75 所示，用户可以选择"可变剖面"或"恒定剖面"单选按钮，设置草绘平面在原始轨迹线的位置，还可以设置扫描曲面的端面是开放的或是封闭的。

（1）创建垂直于轨迹的可变剖面扫描曲面　在零件设计窗口下，单击"草绘"按钮 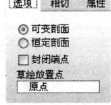 绘制如图 7-76 所示的曲线，单击 ✔ 按钮退出草绘窗口，单击 按钮，选择曲线 1，按住〈Ctrl〉键选择曲线 2，如图 7-77 所示。单击 按钮进入草绘窗口，绘制如图 7-78 所示的截面，单击 ✔ 按钮退出草绘窗口。在操作面板中单击"参照"按钮，在"轨迹"列表框中选择"链 1"对应的"X"复选框，单击鼠标中键，创建的垂直于轨迹的可变剖面扫描曲面如图 7-79 所示。

图 7-75　"选项"
面板

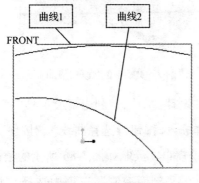

图 7-76　草绘曲线

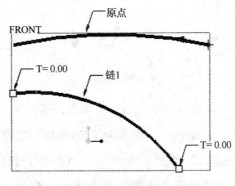

图 7-77　选择曲线

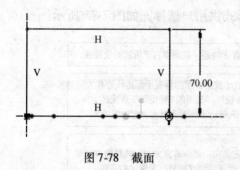

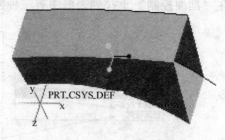

图 7-78　截面　　　　　　　　　　　图 7-79　可变剖面扫描曲面

（2）创建垂直于投影的可变剖面扫描曲面　在零件设计窗口下，单击"草绘"按钮⟨⟩绘制如图 7-80 所示的曲线，单击 ✔ 按钮退出草绘窗口。单击⟨⟩按钮，选择曲线 1，按住〈Ctrl〉键选择曲线 2，如图 7-81 所示。单击 ⟨⟩ 按钮进入草绘窗口，绘制如图 7-82 所示的截面，单击 ✔ 退出草绘窗口。在面板中单击"参照"按钮，在"剖面控制"选项中选择"垂直于投影"，选择 FRONT 平面作为方向参照，单击鼠标中键，创建的垂直于投影的可变剖面扫描曲面如图 7-83 所示。

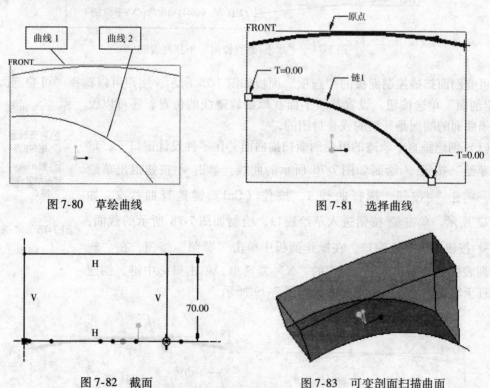

图 7-80　草绘曲线　　　　　　　　　　图 7-81　选择曲线

图 7-82　截面　　　　　　　　　　　图 7-83　可变剖面扫描曲面

（3）创建恒定法向的可变剖面扫描曲面　在零件设计窗口下，利用草绘工具⟨⟩绘制如图 7-84 所示的曲线，单击 ✔ 按钮退出草绘窗口 →单击⟨⟩按钮→选择曲线 1，按住〈Ctrl〉键选择曲线 2，如图 7-85 所示→单击 ⟨⟩ 按钮进入草绘窗口，绘制如图 7-86 所示的截面→单击 ✔ 退出草绘窗口→在面板中单击"参照"按钮，在"剖面控制"选项中选择"恒定法向"→选择坐标系 PRT_CSYS_DEF 中的 X 轴作为方向参照,单击鼠标中键,创建的恒定法向的可变剖面扫描曲面如图 7-87 所示。

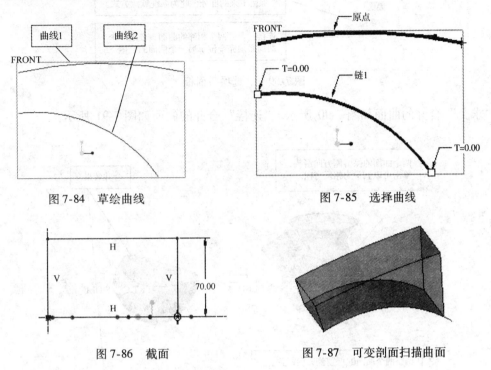

图 7-84 草绘曲线

图 7-85 选择曲线

图 7-86 截面

图 7-87 可变剖面扫描曲面

7.3 编辑曲面

在三维实体建模中,曲面是一种常用的设计材料。使用各种方法创建的曲面并不一定正好满足设计要求,这时可以采用多种操作方法来编辑曲面,可以将多个不同曲面特征进行编辑后拼装为一个曲面,最后由该曲面创建实体特征。Pro/E 提供了许多实用的曲面编辑功能,用于曲面间的编辑组合,例如,合并曲面、复制曲面、修剪曲面、延伸曲面、偏移曲面、加厚曲面、实体化曲面等。下面主要介绍这七种常见的曲面编辑方法。

7.3.1 合并曲面

合并曲面就是将两个或多个曲面合并处理成一个曲面的操作。先选中一个曲面,然后按住〈Ctrl〉键,再选取另一个或多个曲面,选择菜单栏"编辑"→"合并"命令或者单击 按钮,系统弹出如图 7-88 所示的"合并工具"特征操作面板,单击"选项"按钮,可弹出曲面合并的两种方式"求交"和"连接",如图 7-89 所示。

图 7-88 "合并工具"特征操作面板

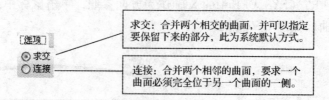

图 7-89 "选项"面板

"求交"合并的曲面如图 7-90 所示。"连接"合并的曲面如图 7-91 所示。

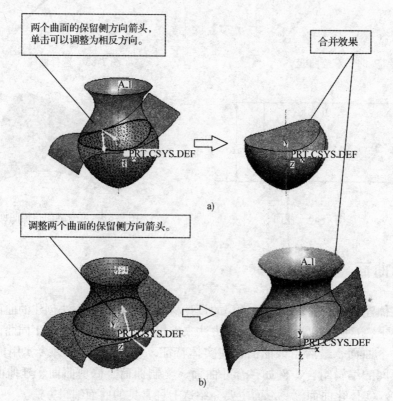

图 7-90 "求交"合并的曲面

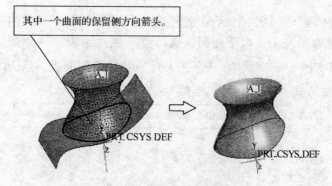

图 7-91 "连接"合并的曲面

7.3.2　复制曲面

Pro/E 提供了多种曲面复制的方法，用户可以根据需要选用。

1. 曲面的复制操作

选取曲面特征后，选择菜单栏"编辑"→"复制"命令或在工具栏中单击 按钮，系统都可以启用曲面复制工具。

复制曲面后，选择菜单栏"编辑"→"粘贴"命令或在工具栏中单击 按钮，系统打开粘贴操作界面。

复制生成的曲面和原曲面完全重叠，由模型树窗口可以看出复制曲面特征确实存在。

2. 镜像复制曲面

选取曲面特征后，选择菜单栏"编辑"→"镜像"命令或在工具栏中单击 按钮，系统都可以启用镜像复制工具。

单击特征操作面板上的"参照"按钮，打开"参照"面板，在"镜像平面"列表框中指定基准平面或实体表面作为镜像参照。单击"选项"按钮，打开"选项"面板，选择"复制为从属项"复选框后，复制曲面和原始曲面具有主从关系，修改原曲面后复制曲面会自动被修改，如图 7-92 所示。

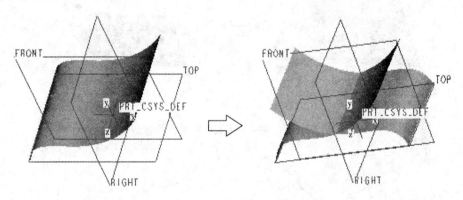

图 7-92　镜像复制曲面

7.3.3　修剪曲面

修剪曲面是指去除指定曲面上多余的部分，以获得理想大小和形状的曲面，其修剪方法较多，既可以使用已有基准平面、基准曲线或曲面来修剪，也可以使用拉伸、旋转等三维建模方法来修剪。

选取需要修剪的曲面特征，再选择菜单栏"编辑"→"修剪"命令或在工具栏上单击 按钮，系统都可以弹出如图 7-93 所示的修剪特征操作面板。

图 7-93　修剪特征操作面板

1. 设置参照

在修剪曲面特征时，首先单击修剪特征操作面板上的"参照"按钮，系统打开如图 7-94 所示的"参照"面板，在该面板中需要指定以下两个对象。

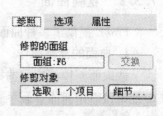

图 7-94 设置参照面板

（1）修剪的面组 在这里指定被修剪的曲面特征。

（2）修剪对象 在这里指定作为修剪工具的对象，如基准平面、基准曲线以及曲面特征等。需要注意的是该修剪参照应完全贯穿要修剪的曲面。

2. 使用基准平面作为修剪工具

选取被修剪的曲面，再选取 FRONT 基准平面作为修剪对象，系统使用一个黄色箭头指示修剪后保留的曲面侧，另一侧将会被修剪，结果如图 7-95 所示。单击面板上的 ⚙ 按钮可以调整箭头的指向改变保留侧的曲面，结果如图 7-96 所示。

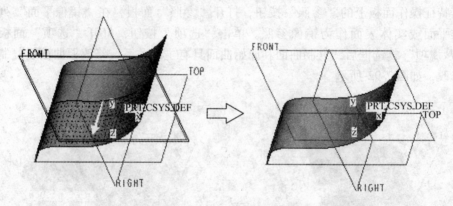

图 7-95 修剪结果一（用基准平面作为修剪工具）

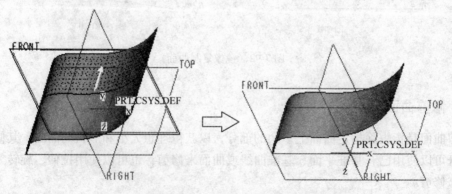

图 7-96 修剪结果二（用基准平面作为修剪工具）

3. 使用一个曲面修剪另一个曲面

可以使用一个曲面修剪另一个曲面，这时要求修剪曲面能严格分割开被修剪曲面，如图 7-97 所示。进行曲面修剪时，用户可以单击修剪特征操作面板上的 ⚙ 按钮，调整保留侧的曲面以获得不同的修剪结果。

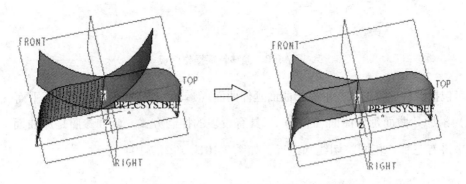

图 7-97　修剪结果三（用一个曲面修剪另一个曲面）

4. 使用拉伸、旋转等方法修剪曲面

使用拉伸、旋转、扫描和混合等三维建模方法都可以修剪曲面，其基本原理是使用这些特征创建一个不可见的三维模型，然后使用该模型作为修剪工具来修剪指定的曲面，如图 7-98 所示。

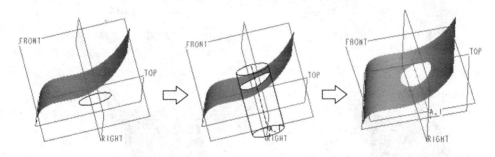

图 7-98　修剪结果四（用拉伸方式修剪曲面）

7.3.4　延伸曲面

延伸曲面是对开放曲面以边界为起点进行特定的偏移操作。

绘制如图 7-99a 所示的曲面，选取如图 7-99b 所示的边，此边将作为偏移参照边，选择菜单栏"编辑"→"偏移"命令，系统弹出如图 7-100 所示的偏移特征操作面板。

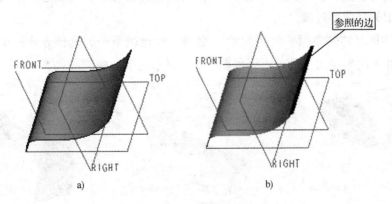

a)　　　　　　　　　　　　　　　b)

图 7-99　曲面及选择曲面边界

图 7-100   偏移特征操作面板

这里包括两种偏移形式：沿原始曲面延伸曲面（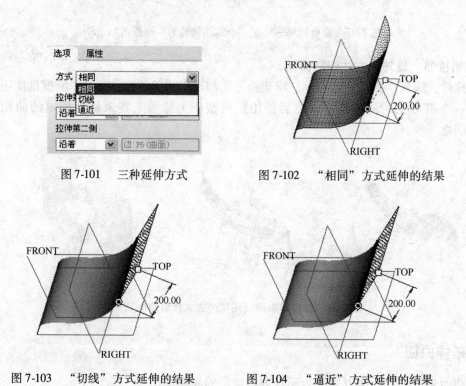）和将曲面延伸到参照平面（）。

（1）沿原始曲面延伸曲面（ ）   具有较多的控制方式，延伸参照是原曲面。从延伸方式上来讲有三种：相同、切线和逼近，如图 7-101 ～图 7-104 所示。

图 7-101   三种延伸方式   图 7-102   "相同"方式延伸的结果

图 7-103   "切线"方式延伸的结果   图 7-104   "逼近"方式延伸的结果

1）相同：它是一种仿造原曲面而进行的延伸操作。

2）逼近：此方式与"切线"方式的结果看起来比较相似，而在延伸曲面与原曲面的交线位置，采用的是曲率过渡。

（2）将曲面延伸到参照平面（ ）   它是一种比较单一的延伸方式。单击此按钮，选取 DTM1 基准平面为参照平面，得到如图 7-105 所示的延伸曲面。

图 7-105   延伸曲面

7.3.5 偏移曲面

偏移曲面就是将某个曲面偏移恒定的距离或可变的距离，生成一个新曲面的操作。

绘制如图 7-106 所示的曲面，选取曲面上表面，选择菜单栏"编辑"→"偏移"命令，系统弹出偏移特征操作面板，如图 7-107 所示。偏移方式有四种，如图 7-108 所示。利用第一种偏移方式——直接偏移表面得到的偏移结果如图 7-109 所示。

图 7-106　曲面

利用第二种偏移方式——具有斜度的偏移，选取图 7-106 所示曲面的上表面为草绘平面，接受系统默认的参照平面，进入草绘窗口。绘制如图 7-110 所示的草图（A 字）。单击"√"按钮完成草绘，退出草绘窗口。输入偏移距离为"5"，角度为"5"，单击"√"按钮，得到如图 7-111 所示的凹陷的 A 字。这是一种在曲面上绘制文字的方法。

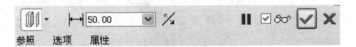

图 7-107　偏移特征操作面板

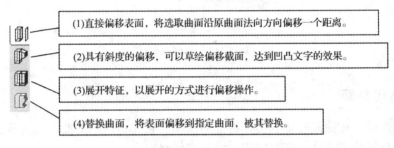

图 7-108　四种偏移方式

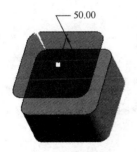

图 7-109　"直接偏移表面"方式　　图 7-110　草图（A 字）　　图 7-111　凹陷的 A 字

7.3.6 加厚曲面

加厚曲面就是通过为曲面增加厚度，将其变成具有一定厚度实体特征的操作。先绘制如图 7-112 所示的曲面，选中该曲面后，选择菜单栏"编辑"→"加厚"命令，系统弹出如图 7-113 所示的加厚特征操作面板。输入加厚值为"30"，单击 ✔ 按钮完成曲面加厚，结果如图 7-114 所示。

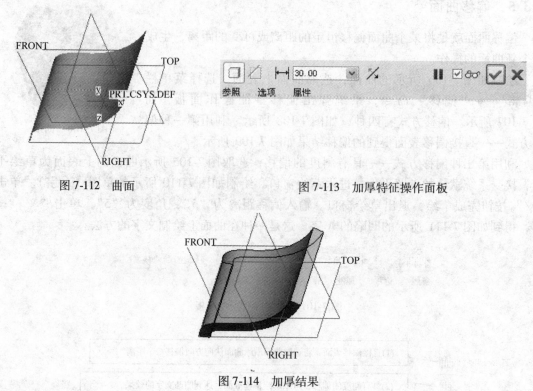

图 7-112　曲面　　　　　　　　　　　图 7-113　加厚特征操作面板

图 7-114　加厚结果

7.3.7　实体化曲面

实体化曲面就是将曲面转化成实体特征的操作，它能将封闭的曲面或者与实体特征构成封闭区域的曲面转化成实体，还可以用来去除实体材料。

选中某个曲面后，选择菜单栏"编辑"→"实体化"命令，系统弹出如图 7-115 所示的实体化特征操作面板。

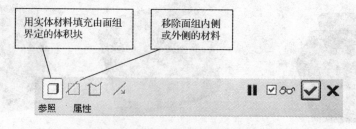

图 7-115　实体化特征操作面板

在零件设计窗口下绘制如图 7-116a 所示的封闭曲面，选中该曲面组，选择菜单栏"编辑"→"实体化"命令，单击 ✔ 按钮完成曲面实体化，如图 7-116b 所示（填充后虽然从外表看不出变化，但其内部已经填实）。

在零件设计窗口下绘制如图 7-117a 所示的实体和曲面，选中曲面后，选择菜单栏"编辑"→"实体化"命令，单击 按钮，单击 ╱ 按钮选择要保留的一侧（这里保留曲面下侧）的实体，然后单击 ✔ 按钮，完成利用曲面修剪实体的操作，结果如图7-117b 所示。

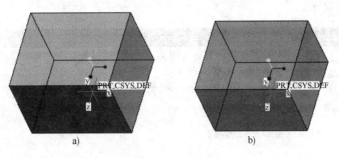

图7-116　实体化曲面

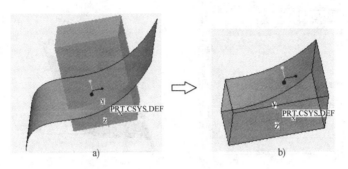

图7-117　利用曲面去除实体材料

7.4　曲面造型

7.4.1　造型窗口概述

单击菜单栏"插入"→"造型"命令，或单击工具栏中的"造型" 🔲 按钮，系统都可以打开造型窗口，如图7-118 所示。"造型"命令添加到菜单栏中，且工具栏和侧面的特征工具栏中各添加造型常用特征工具栏，如图7-119 所示。

造型工具提供了相对独立的设计环境，使用其设计工具可以方便地完成交互式曲面设计，创建自由生成的曲线和曲面，并进一步生成结构更加复杂的特征。

在造型设计中，可以在单视口模式中工作，这时模型显示在单一的视图窗口中，窗口面积较大，如图7-120 所示。

在工具栏中单击 ⊹ 按钮将打开多视口模式，模型分别从不同的视角显示在不同的窗口中，这样可以全方位地观察模型，图7-121 所示。

在造型窗口中，可将曲线点捕捉到其他现有图元。曲线点可被捕捉到的图元：基准点、模型顶点、面组、实体边线、实体曲面、基准平面、曲线等。使用捕捉功能可以简单方便地选中这些参照。

以下两种方法可以用来启用捕捉功能。

1）选择菜单栏"造型"→"捕捉"命令，完成后该命令前面有"√"标记，鼠标指针上有一个红色的十字光标，使用该光标可以方便地捕捉到离其最近的有效几何图元，被捕捉到的对象将会加亮显示。

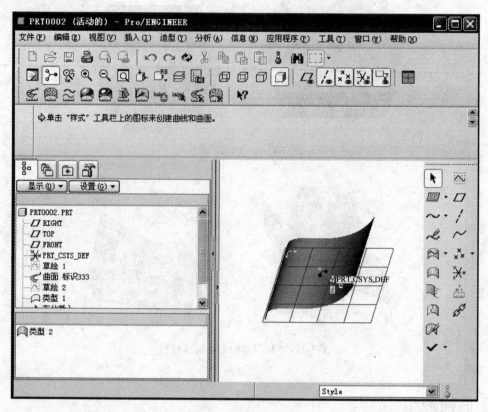

图 7-118　造型窗口

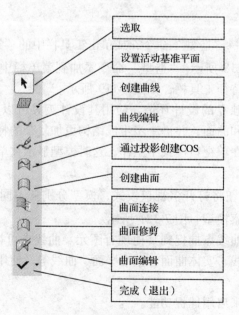

图 7-119　造型常用特征工具栏

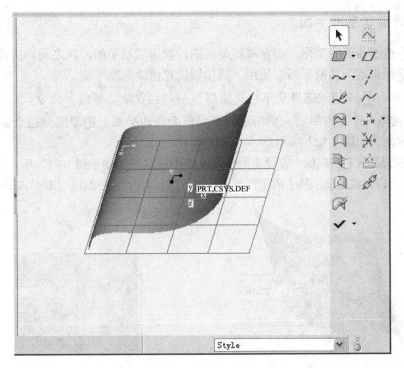

图 7-120　单视口模式

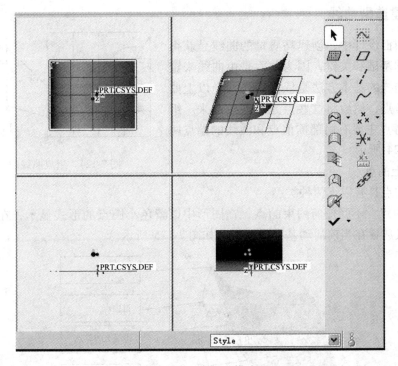

图 7-121　多视口模式

2）在选取对象时按住〈Shift〉键，可以更加方便地启用捕捉功能。

7. 4. 2　设置活动基准平面

如果正在造型曲面中工作，则在将模型视图设置为活动平面方向之前，应确保已将其中的一个基准平面指定为活动平面。使用下列步骤设置活动基准平面。

步骤 1. 单击▣按钮或选择菜单栏"造型"→"设置活动平面"命令。

步骤 2. 选取一个基准平面，则指定的平面成为活动平面。造型曲面也会显示此平面的水平和垂直方向，如图 7-122 所示。

步骤 3. 在设计区右击鼠标，在弹出的快捷菜单中选取"活动平面方向"后，活动基准平面平行于屏幕，可以直观地显示其上的图形元素，便于对其进行各种操作，如图 7-123 所示。

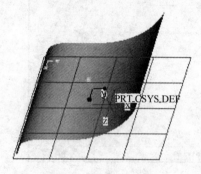

图 7-122　活动基准平面

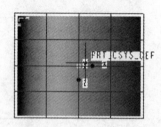

图 7-123　活动平面方向

7. 4. 3　创建造型曲线

在造型曲面设计中，创建高质量的曲线是获得高质量曲面的基础和关键，因为曲面是由曲线来定义的。创建曲线的基本方法是依次定义两个以上曲线经过的参考点，然后将这些点光滑连接起来。组成曲线的参考点主要有内部插值点和曲线的端点两种，如图 7-124 所示。

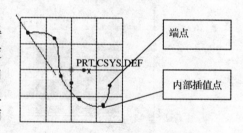

图 7-124　组成曲线的参考点

1. 曲线上的点

曲线上的点具有以下两种类型。

（1）自由点　不受任何约束的点，在图形中以紫色小圆点的形式显示，在系统默认的情况下它们被放置在当前活动基准平面上，如图 7-125 所示。

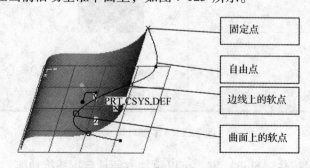

图 7-125　点的类型

（2）约束点　受到某种形式约束的点。根据约束条件的不同，又可分为固定点和软点两种类型。固定点是完全被约束的点，不能移动，固定点以×显示，图7-125所示的固定点为放置在两边界曲线交点处的固定点；软点是受到部分约束的点，可以在其所在的曲线、边线以及曲面上移动。软点在曲线、边线上时显示为开放圆，在曲面上时显示为开放正方形，如图7-125所示。

2. 创建曲线

（1）创建自由曲线　自由曲线就是位于三维空间中的曲线。其创建步骤如下。

步骤1. 在工具栏中单击████按钮，然后根据系统提示设置活动基准平面，输入的第1个点将位于该平面上。

步骤2. 在工具栏中单击〜按钮，系统打开设计面板。

步骤3. 在设计面板上单击"自由"单选按钮。

步骤4. 在活动基准平面上定义曲线上的点。

步骤5. 按住鼠标中键旋转视图，后视图上将出现一条垂直于活动平面的深度线，在该线上单击一点来指定点到活动平面的距离，如图7-126所示。

步骤6. 单击鼠标中键完成一条曲线的创建，然后创建下一条曲线，最后单击常用工具栏中 ✔ 按钮，完成造型特征的创建。

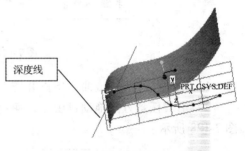

图7-126　深度线

（2）创建平面曲线　平面曲线就是创建一条位于指定平面上的曲线，且不允许在编辑过程中将任何插值点移到平面外。创建平面曲线的基本步骤如下。

步骤1. 在常用工具栏中单击████按钮，然后根据系统提示设置活动基准平面，输入的第1个点将位于该平面上。

步骤2. 在常用工具栏中单击〜按钮，打开设计面板。

步骤3. 在设计面板上单击"平面"单选按钮。

步骤4. 在活动基准平面上定义曲线上的点。

步骤5. 单击鼠标中键完成一条曲线的创建，然后创建下一条曲线，最后单击常用工具栏中的 ✔ 按钮，完成造型特征的创建。

（3）创建曲面上的曲线（COS）　COS上所有的点都被约束在曲面上，因此曲线也位于曲面上。可以依次在曲面上指定曲线要穿过的点来创建COS，也可以将已有的曲线投影到曲面上来创建COS。使用以下两种方法创建COS。

第1种创建COS的方法：设置活动基准平面→单击〜按钮→在设计面板上单击"COS"单选按钮→在选定的曲面上选取点来创建COS即可。

第2种创建COS的方法：单击██按钮打开设计面板→选取需要投影到的曲面→选取被投影曲线→选取适当的基准平面作为投影方向参照（投影方向垂直于该平面），可将选定的投影曲线沿着指定的方向投影到指定的曲面上，如图7-127所示。

3. 编辑曲线

（1）调整点的位置　曲线的形状可以通过移动点的位置来改变。创建曲线后，在工具

栏中单击 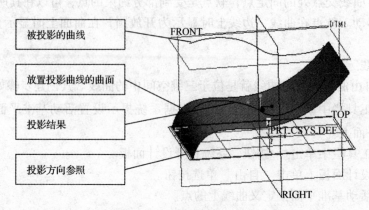 按钮，可以实现对曲线的编辑。使用以下几种方法调整点的位置，从而实现改变曲线的形状。

图 7-127 创建曲面上的曲线

1）沿曲线、边线或曲面单击并拖动软点改变点的位置，从而调整曲线形状。

2）沿着任意方向拖动自由点，使自由点在平行于当前活动基准平面的平面内移动，如图 7-128 所示。

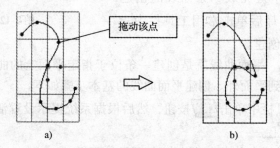

图 7-128 利用自由点来改变曲线的形状
a) 拖动前 b) 拖动后

3）使用〈Alt〉键可以垂直于活动平面拖动点，如图 7-129 所示。

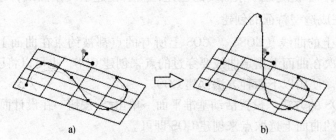

图 7-129 利用 < Alt > 键垂直于活动平面拖动点
a) 拖动前 b) 拖动后

4）使用〈Ctrl + Alt〉组合键可相对于视图垂直或水平移动自由点。

（2）在曲线上增加或删除插值点 在曲线上添加新的插值点或删除已有插值点，这在编辑曲线的过程中经常用到，其操作步骤如下。

步骤1. 在工具栏中单击 按钮，启动曲线编辑工具。

步骤2. 选中需要编辑的曲线。

步骤3. 在曲线需要增减插值点的地方右击，打开快捷菜单，选择"添加点"命令即可在单击的位置增加插值点；选择"添加中点"命令可以在单击位置左右两个插值点之间的曲线中点处增加插值点。

步骤4. 如果在已有插值点上右击，打开快捷菜单，选择"删除"命令，可以删除选定的插值点；选择"分割"命令，可以在该点处将曲线分开。

（3）按照比例更新曲线 选中"按比例更新"复选框，可以允许曲线的自由点相对于软点按比例进行移动。即在进行编辑时，曲线按比例保持形状。

图7-130 显示了一条曲线，其两个软点捕捉至其他两条曲线，这是曲线按比例变化的最低要求。

图7-131 显示在选中"按比例更新"复选框时，移动右侧软点进行编辑的结果。曲线上的其他点与被拖动的点成比例进行移动。

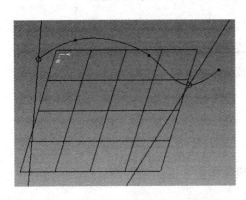

图 7-130　原曲线

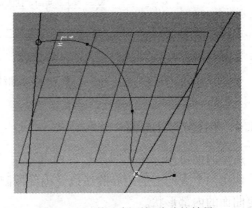

图 7-131　按比例更新移动的结果

图7-132 显示在取消"按比例更新"复选框后，移动右侧软点进行编辑的结果。仅被拖动的点进行移动，其他位置上的自由点的位置并不发生变化，曲线的形状变化较大。

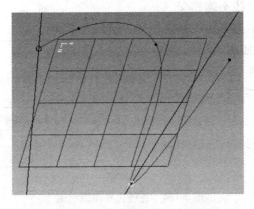

图 7-132　按比例更新后移动的结果

（4）曲线切线　使用曲线切线可改变曲线的形状，并创建与另一条曲线或曲面的连接与过渡。

单击曲线的端点，系统将显示带有插值点的曲线切向量，单击并拖动切向量可以改变其长度和角度。在切向量上右击鼠标打开如图7-133所示的快捷菜单。

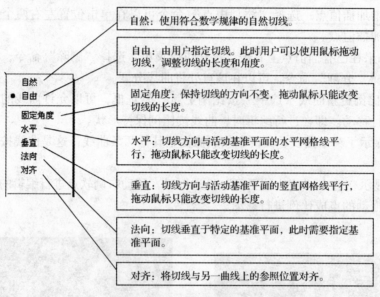

图7-133　曲线切线快捷菜单

7.4.4　创建造型曲面

造型曲面可用三条或四条边界曲线或边创建。造型曲面沿袭了边界混合曲面的设计思路，使用两个方向上的边界曲线以及内部控制曲线来构造曲面，前者围成曲面的边界，后者决定曲面的内部形状。

1. 造型曲面对边界曲线的基本要求

造型曲面对边界曲线的要求不如边界混合曲面那样严格，选取曲线时不用考虑顺序性，只要边界曲线封闭，都可以构建造型曲面。边界曲线通常需要满足以下条件：

1）同一方向的边界曲线不能相交。

2）相邻且不同方向的边界曲线必须相交，不允许相切。

各种边界曲线的示例如图7-134所示。

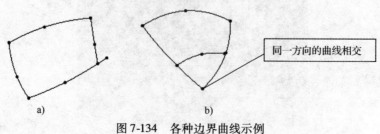

图7-134　各种边界曲线示例

a）正确　b）错误

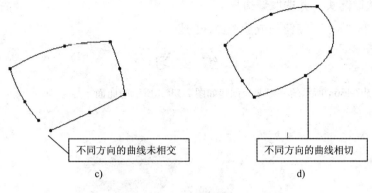

图 7-134 各种边界曲线示例（续）

c）、d）错误

2. 造型曲面对内部控制曲线的基本要求

内部控制曲线用于控制造型曲面的形状，常用于构建比较复杂的曲面，在选用内部控制曲线时注意以下基本问题。

1）不能使用 COS 作为内部曲线。

2）内部曲线与边界曲线以及其他内部曲线相交后在交点处具有软点，但是内部曲线不能与相邻边界曲线相交。

3）穿过相同边界曲线的两条内部曲线不能在曲面内相交。

4）内部曲线必须与边界曲线相交，但与边界曲线的交点不能多于两点。

各种内部曲线的应用示例，如图 7-135 所示。

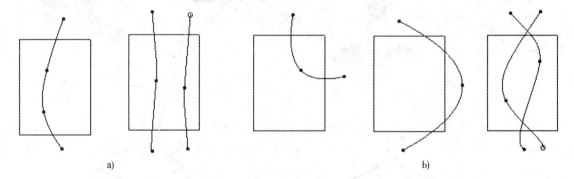

图 7-135 各种内部曲线的应用示例

a）正确的内部曲线 b）错误的内部曲线

3. 创建造型曲面的方法

在创建一定数量的边界曲线和内部曲线后，就可以使用这些曲线来创建造型曲面，具体的操作步骤如下。

步骤 1. 在工具栏中单击"造型"按钮，系统打开造型曲面设计工具。

步骤 2. 首先选取第一条边界曲线，然后按住〈Ctrl〉键选取其他两条（或三条）边界曲线。

步骤 3. 如果需要，可以继续选取一条或多条内部曲线，以进一步定义曲面。

步骤 4. 如果创建三角曲面，则要改变自然边界，可在特征操作面板中单击"选项"按钮，然后单击选取箭头，并选取新边界。

步骤 5. 单击"✔"按钮完成造型曲面的创建。

练 习

7-1 使用如图 7-136a 所示的一组曲线创建如图 7-136b 所示的曲面。

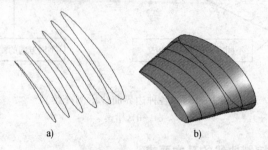

a)   b)

图 7-136 创建曲面

7-2 综合运用所学的知识创建如图 7-137 所示的几组曲面。

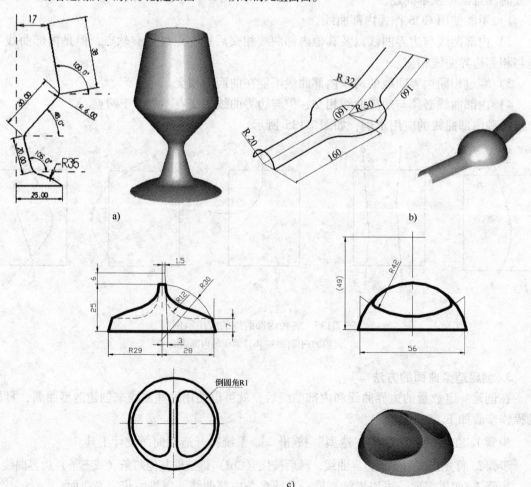

a)   b)

c)

图 7-137 综合练习

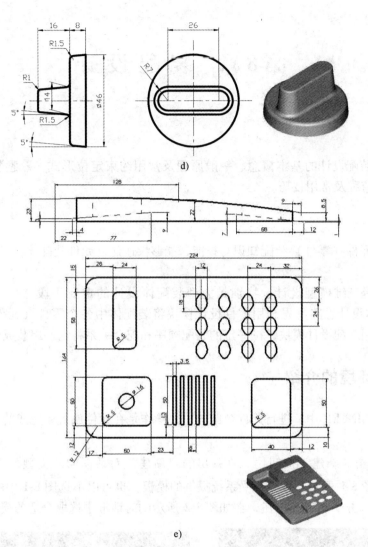

d)

e)

图 7-137 综合练习（续）

第8章 装配设计

知识目标

✧ 了解装配设计的基本概念、一般原理及常用约束定位形式，熟悉装配设计基本操作步骤、一般流程及常用技巧。

能力目标

✧ 掌握元件（零件）装配知识与技能，能够快速建立元件装配体。

装配设计是三维模型设计，特别是大型装配体设计的重要手段之一。一般，装配体（组件）的基本设计思路是先利用零件设计模块将装配体中各个零件（元件）独立设计出来，然后再利用装配设计模块，按一定的装配顺序和配合关系将它们组装成装配体。

8.1 装配环境的介绍

在 Pro/ENGINEER 中，进行元件装配的主要操作是在元件放置中完成的。其基本操作步骤如下。

步骤 1. 单击"新建"按钮 🗋，在弹出的"新建"对话框的"类型"中选取"组件"，输入名称，如图 8-1 所示。可以接受系统提供的模板，也可以不选图 8-1 中的"使用缺省模板"复选框，单击"确定"按钮，在如图 8-2 所示的对话框中选取合适的模板。

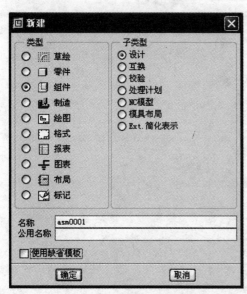

图 8-1 "新建"对话框

图 8-2 "新文件选项"对话框

步骤 2. 零件装配的窗口如图 8-3 所示，此时系统自动建立了一个装配坐标系和三个基准平面。

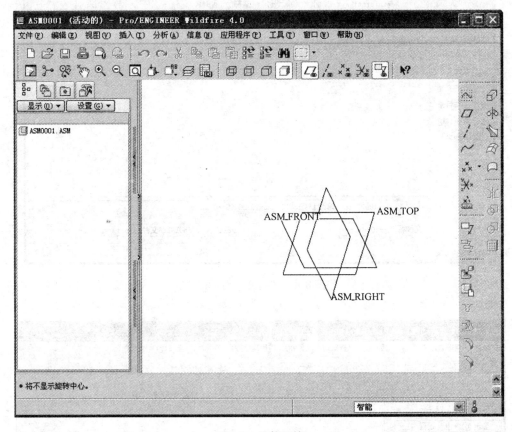

图 8-3　组件环境

步骤 3. 单击 按钮，出现"打开"对话框，选取所要装配的零件，如图 8-4 所示。单击"打开"按钮，窗口如图 8-5 所示。单击装配面板上的"放置"按钮，再单击"自动"右侧的下拉箭头，出现系统提供的 10 种约束，如图 8-6 所示。选取相应的约束后，即可装配该元件。

步骤 4. 重复步骤 3 的操作，直至所有元件放置完毕。

8.2　装配约束的类型

在 Pro/ENGINEER 中，装配设计的过程与生产实际的装配过程大体一致。主要通过定义各种元件之间的装配约束关系，从而确定各元件在组件中的具体位置关系来实现。

所谓装配约束关系，指的是一个元件相对于组件中另一个元件（或特征）的放置方式或位置。简单地说，就是给两个元件的相对位置添加限制条件。一个元件通过定义装配约束关系添加到组件中后，其位置就被固定了，但由于整个组件实际上还是一个参数化的模型，因此可以通过变更约束类型及其设置值来达到改变元件的位置的目的。系统提供了大量的约束类型来进行装配设计。下面重点介绍几种常用的约束类型及其用法。

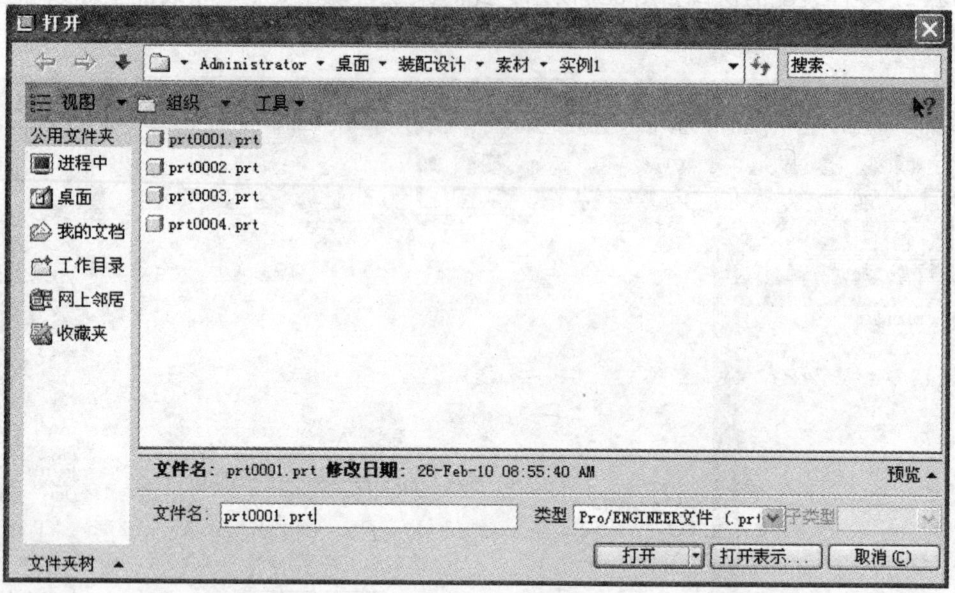

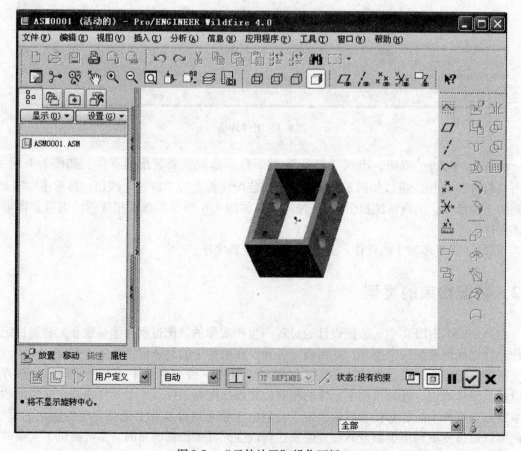

图 8-4　"打开"对话框

图 8-5　"元件放置"操作面板

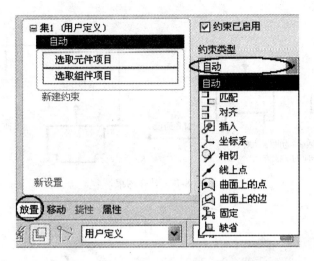

图 8-6 元件放置的 10 种约束

1. 匹配约束

匹配约束通常用于约束两平面（表面或基准平面）平行（重合）且两个平面的法向相反，如图 8-7 所示。它包含重合、偏距和定向 3 种命令方式。各命令的含义如下。

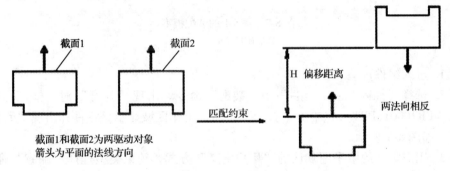

图 8-7 匹配约束

（1）重合 相匹配的两个平面相对并彼此重合（$H=0$）。

（2）偏距 相匹配的两个平面相对并存在一定的间距值（$H \neq 0$）。

（3）定向 相匹配的两个平面间只有方向约束而无位置约束。

2. 对齐约束

对齐约束用于约束两个平面对齐（平等或重合）或两条轴线重合。对齐平面时，对齐约束与匹配约束相似，不同之处在于对齐约束的两个平面的法向相同，如图 8-8 所示。

3. 插入约束

插入约束用于将两个旋转体特征的轴线对齐。值得注意的是用对齐约束来对齐两条轴线时，实施对象应选取两条轴线，而用插入约束来对齐两条轴线时，实施对象为两旋转体的表面。

例 8-1 完成图 8-9 所示组件的装配。

参考步骤：

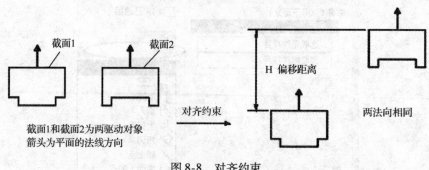

图 8-8　对齐约束

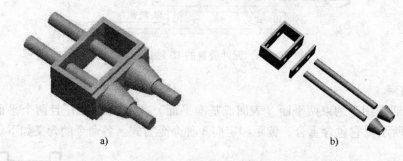

图 8-9　例 8-1 的装配模型
a) 装配后　b) 装配前

步骤 1. 进入组件环境。

步骤 2. 选择"插入"→"元件"→"装配"命令。出现"打开"对话框，（图 8-4），从中选取"PRT0001. PRT"并单击"打开"按钮，工作区域显示该零件并出现"元件放置"操作面板，如图 8-5 所示。

步骤 3. 用户定义约束采用默认的"用户定义"方式，约束类型选择"缺省"命令，并单击☑按钮，此时约束状态会变为"完全约束"，如图 8-10 所示。这样就完成了第 1 个元件（基础元件）的装配工作，如图 8-11 所示。

步骤 4. 重复步骤 2 的操作，将第 2 个元件"PRT0002. PRT"添加到组件中，如图 8-12 所示。

步骤 5. 将"约束类型"由"自动"选为"对齐"，然后依次选取轴线 A_2、A_3（组件的轴线），A_3、A_4（元件的轴线），结果如图 8-13 所示。

步骤 6. 单击操作面板上的"放置"按钮（图 8-14 中的 1），在弹出的上滑面板中可以看到，左侧"集 2（用户定义）"下有两个对齐约束，单击"对齐"（图 8-14 中的 2）可以查看所约束的对象，如果约束的对象不够理想，可以右击对应的对象并重新选取正确的对象来进行约束，如图 8-15 所示。单击"新建约束"来增加新约束（图 8-14 中的 3），"约束类型"选择为"自动"，如图 8-16 所示。单击右侧"约束类型"的下拉箭头，选择"匹配"约束，如图 8-17 所示。结果如图 8-18 所示。单击匹配约束下面的"选取组件（或元件）项目"，再依次选取如图 8-19 所示的平面 1、平面 2，元件"PRT0002. PRT"装配完成，如图 8-20 所示。

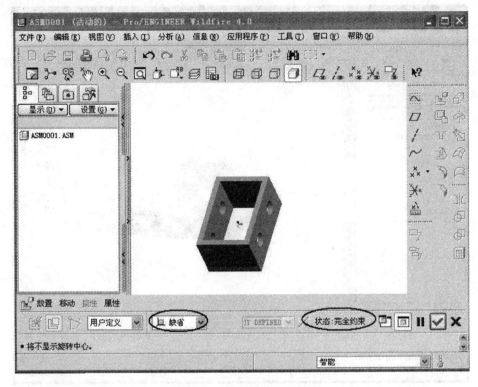

图 8-10 放置第 1 个元件

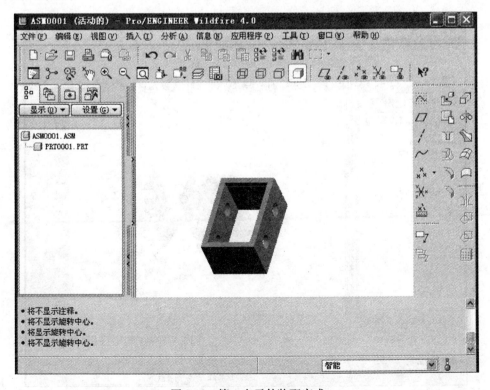

图 8-11 第 1 个元件装配完成

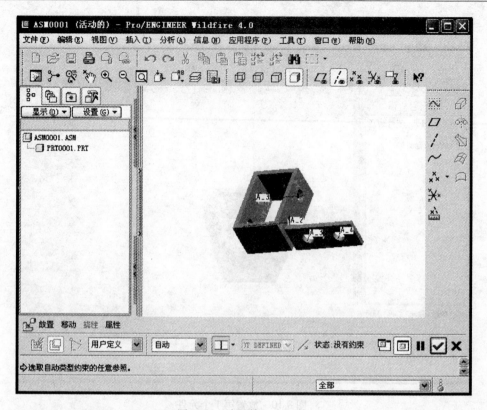

图 8-12　放置第 2 个元件

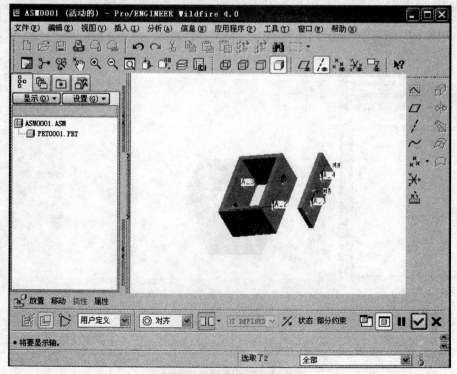

图 8-13　约束第 2 个元件

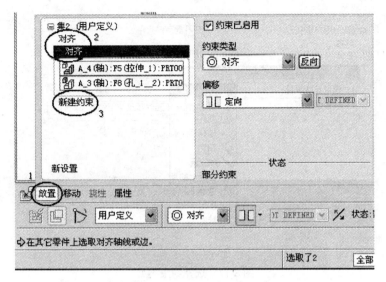

图 8-14　设置第 2 个元件的约束

图 8-15　更改约束对象

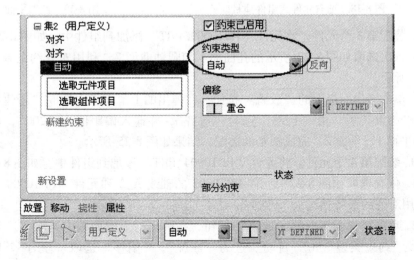

图 8-16　新建约束

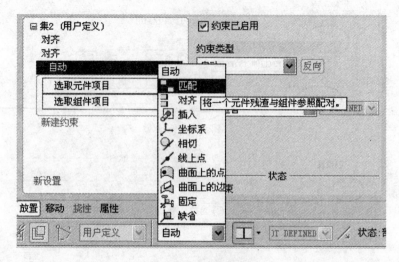

图 8-17   选择约束类型

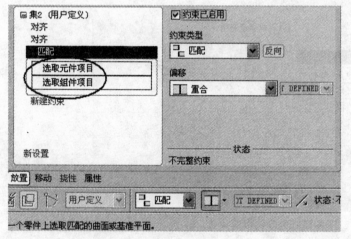

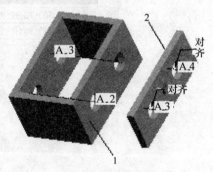

图 8-18   选取元件或组件项目   图 8-19   选取平面 1 和 2

步骤 7. 装配第 3 个元件。将元件"PRT0003. PRT"添加到组件中，如图 8-21 所示。

步骤 8. 依次选取如图 8-22 所示的孔曲面 1 和圆轴曲面 2，利用对齐约束装配圆轴，结果如图 8-23 所示。

步骤 9. 单击操作面板上的"放置"按钮，在弹出的上滑面板中选取"新建约束"来增加新约束，"约束类型"由"自动"选为"对齐"，并输入偏距值为"200"，依次选取如图 8-24中的平面 1、平面 2，完成圆轴的装配，结果如图 8-25 所示。

步骤 10. 装配第 4 个元件。将元件"PRT0004. PRT"添加到组件中，如图 8-26 所示。

步骤 11. 依次选取如图 8-27中元件 PRT0003 的轴线 A_2 和元件"PRT0004. PRT"的轴线 A_2，利用对齐约束将轴线 1、2 对齐。结果如图 8-28 所示。

步骤 12. 单击操作面板上的"放置"按钮，在弹出的上滑面板中选取"新建约束"来增加新约束，"约束类型"由"自动"选为"匹配"，"偏移"选取"重合"，依次选取如图 8-29中的平面 1、平面 2，完成元件的装配，结果如图 8-30 所示。

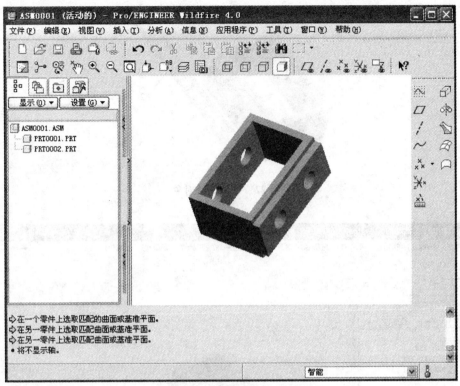

图 8-20 第 2 个元件装配完成

图 8-21 放置第 3 个元件

图 8-22　选取约束对象

图 8-23　对齐约束装配圆轴

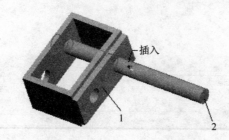

图 8-24　选取约束对象

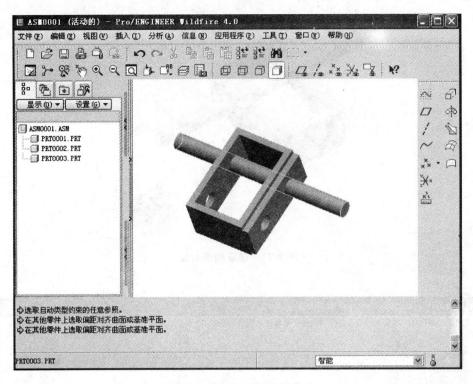

图 8-25 第 3 个元件装配完成

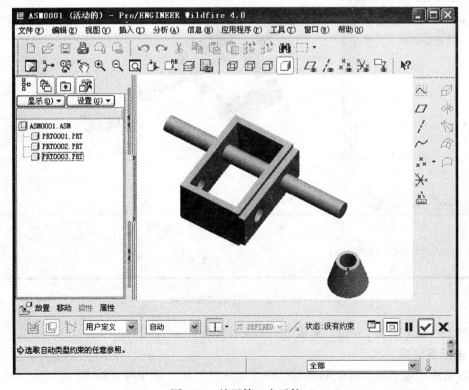

图 8-26 放置第 4 个元件

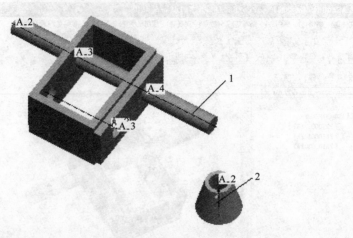

图 8-27　选取约束对象

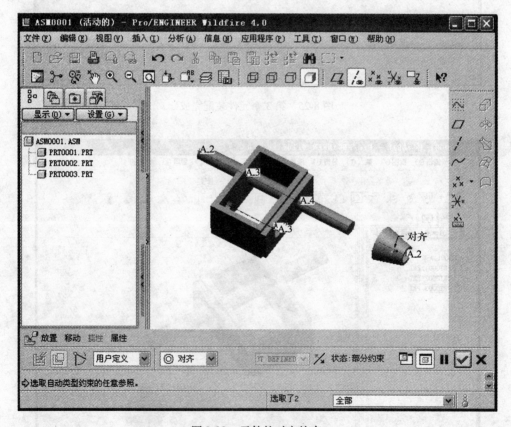

图 8-28　元件的对齐约束

步骤 13. 参考步骤 7~12, 完成余下的元件装配。

4. 坐标系约束

坐标系约束用于元件的坐标系与组件（或其他元件）的坐标系对齐。

例 8-2　完成如图 8-31 所示组件的装配。

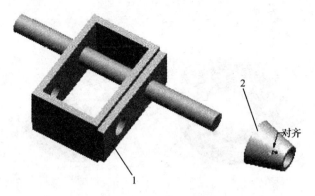

图 8-29 选取匹配对象

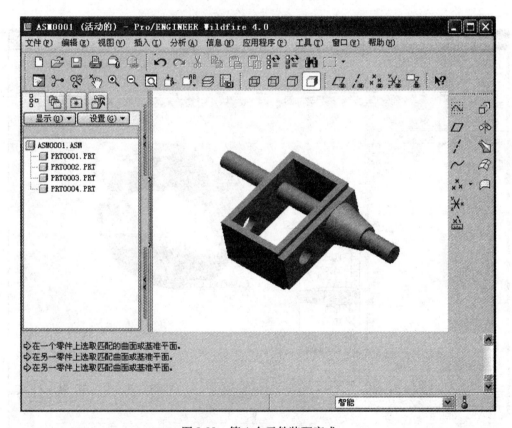

图 8-30 第 4 个元件装配完成

参考步骤:

步骤 1. 进入组件环境。

步骤 2. 选择"插入"→"元件"→"装配"命令。系统出现"打开"对话框,从中选取"BEARING_19_IN. PRT"并单击"打开"按钮,进入组件窗口。

步骤 3. 如图 8-32 所示,"用户定义约束"采用系统默认的"用户定义"方式,"约束类型"选取"坐标系",然后依次选取工作区中的两个坐标系,并单击☑按钮,结果如图 8-33 所示。

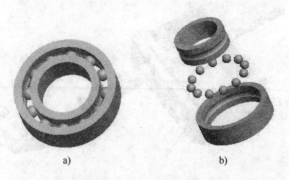

图 8-31　例 8-2 的装配模型

图 8-32　添加 "BEARING_19_IN. PRT" 元件

步骤 4. 将元件 "BEARING_19_OUT. PRT" 添加到组件, 参考步骤 3 的操作, 结果如图 8-34 所示。

步骤 5. 将元件 "BEARING_19_BALL. PRT" 添加到组件, 参考步骤 3 操作, 结果如图 8-35 所示。

步骤 6. 阵列滚珠。其结果如图 8-36 所示。

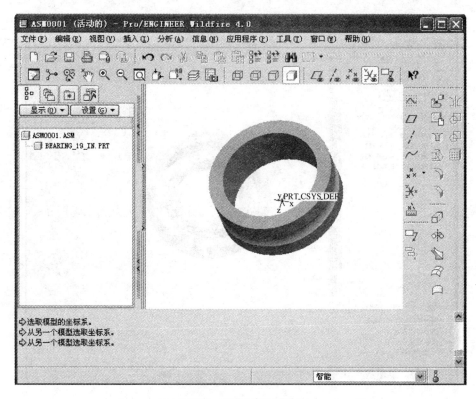

图 8-33 坐标系约束元件

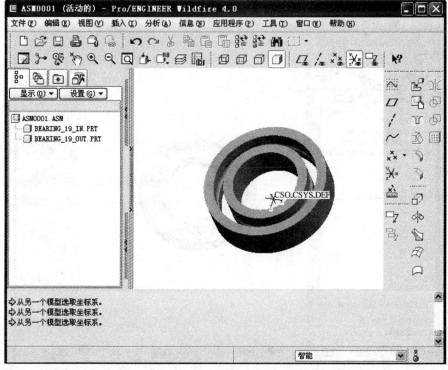

图 8-34 添加"BEARING_19_OUT. PRT"元件

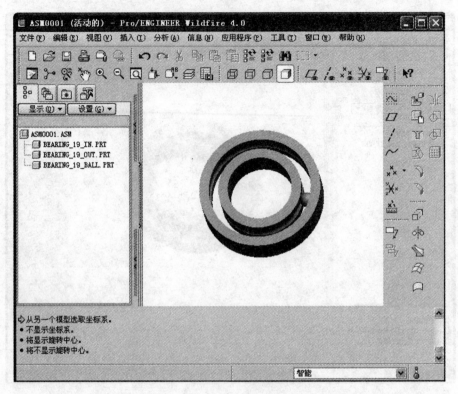

图 8-35 添加 "BEARING_19_BALL. PRT" 元件

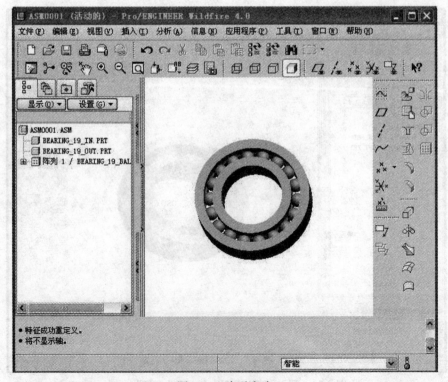

图 8-36 阵列滚珠

练 习

完成如图 8-37 所示零件的组件装配。其中,图 8-37a 所示为装配图,图 8-37b ~ f 所示为零件的元件图。

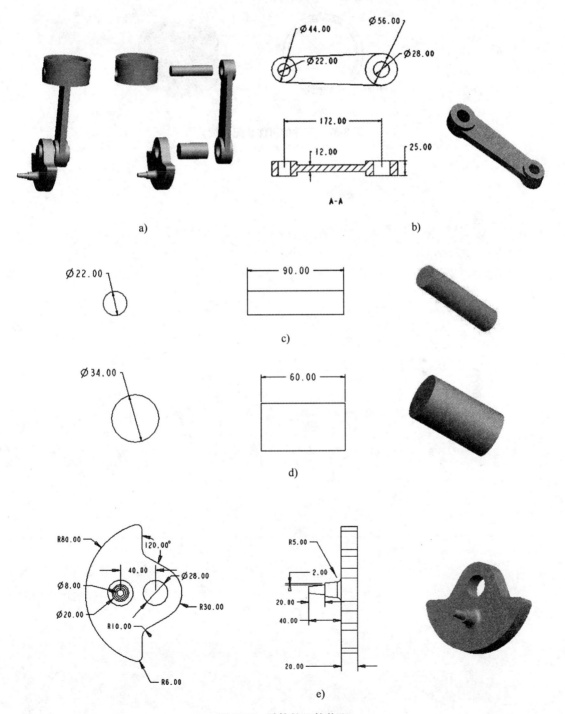

图 8-37 零件的组件装配

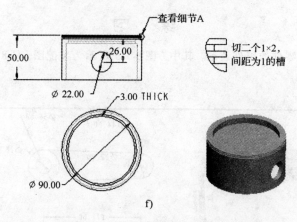

f)

图 8-37　零件的组件装配（续）

第 9 章   工程图的创建

知识目标

◇ 学习工程图的基础知识。

◇ 学习各种视图的用途和创建方法。

◇ 学习图样上的尺寸和尺寸公差的标注方法。

◇ 学习工程图注释的创建方法。

◇ 学习工程图几何公差的标注方法。

◇ 学习工程图表面粗糙度的标注方法。

能力目标

◇ 能创建各种视图。

◇ 能标注图样上的尺寸和尺寸公差。

◇ 能创建工程图注释。

◇ 能标注工程图几何公差。

◇ 能标注工程图表面粗糙度。

Pro/ENGINEER Wildfire 4.0 具有强大的工程图设计功能，当三维模型或组合件完成后，便可以利用三维模型或组合件来产生各种二维工程图文件。工程图与三维模型或组合件之间相互关联，其中任何一个有更改，另一个也自动更改。

Pro/ENGINEER Wildfire 4.0 中视图类型丰富，其二维图主要有投影视图、一般视图、详图视图、辅助视图和旋转视图，根据表达范围的不同，又可以分为全视图、半视图、局部视图和破断视图。

9.1   工程图的基础

9.1.1   基础知识

由三维模型或组合件产生工程图文件的基本步骤如下。

步骤 1. 选取菜单"文件"→"新建"命令或在工具栏中单击 ▯ 按钮，打开如图 9-1 所示的"新建"对话框。

步骤 2. 选择"绘图"单选按钮。输入文件名，单击"确定"按钮。

步骤 3. 系统弹出如图 9-2 所示的"新制图"对话框，单击"浏览"按钮指定参照模型和图纸格式后，单击"确定"按钮，便可以创建工程图文件。

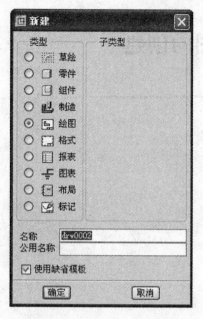
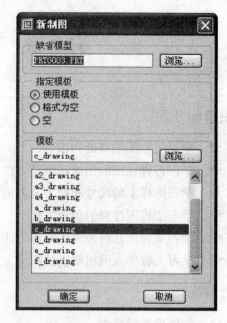

图 9-1   "新建"对话框   图 9-2   "新制图"对话框

9.1.2 图纸的设置

在创建工程图之前，首先应在"新制图"对话框中进行图纸格式的设置（包括图纸的大小、方向、有无边框以及有无标题栏等）。

使用"新制图"对话框中设置图纸格式的基本方法如下。

1. 使用模板设置图纸

模板是系统经过格式优化后的设计样板。当新建一个"绘图"文件时，在"新制图"对话框的"指定模板"框中，系统默认选中"使用模板"单选按钮，用户可以从模板列表中选取某一模板进行设计。此时的"新制图"对话框包括以下 3 个分组框。

（1）"缺省模型"框   用来指定想要建立工程图的零件或组合件。如果系统中有零件，则在"缺省模型"框里会显示此零件的文件名，表示要建立此零件的工程图。如果系统中没有此零件，则可以单击该分组框中的 [浏览...] 按钮，系统弹出"打开"对话框，找到欲创建工程图的模型文件后双击将其导入系统。

（2）"指定模板"框   用来指定创建工程图的模板。其中包含以下 3 个单选按钮。

1）"使用模板"：使用系统提供的模板创建工程图，如图 9-3 所示。

2）"格式为空"：使用系统自带的或用户自己创建的图纸格式创建工程图，如图 9-4 所示。单击 [浏览...] 按钮，弹出如图 9-5 所示的"打开"对话框，系统自动进入系统格式的保存目录，也可以找到用户自己创建的格式文件保存地址，然后双击将其加入。

3）"空"：图纸不包含任何格式，用户设置好图纸的方向和大小后即可创建一个空的工程图文件，如图 9-6 所示。若单击 按钮，则可以根据实际情况自定义图纸的大小，如图 9-7 所示。

图 9-3 "使用模板"单选按钮   图 9-4 "格式为空"单选按钮

图 9-5 "打开"对话框

（3）"模板"框 以列表的形式提供了系统所有的默认模板，用户在其中选取适当的模板即可。另外，单击 浏览... 按钮，还可以导入自己的模板文件创建工程图。使用模板创建工程图时，系统会自动创建模型的一组正交视图，从而简化了设计过程。

2. 使用系统预先定义格式的图纸

用户在"新制图"对话框的"指定模板"分组框中选取"格式为空"单选按钮，可以使用系统定义格式的图纸创建工程图，单击对话框中的 浏览... 按钮后，从弹出的"打开"对话框中选取一种图纸格式进行设计。如图 9-8 所示为 "b. frm" 图纸格式，如图 9-9 所示为 "c. frm" 图纸格式。

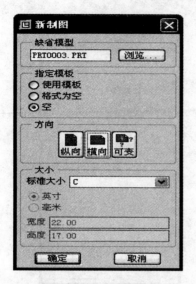

图 9-6   "空"单选按钮

图 9-7   自定义图纸的大小

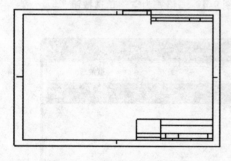

图 9-8   "b. frm"图纸格式

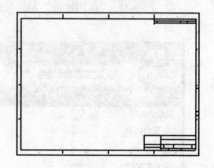

图 9-9   "c. frm"图纸格式

3. 自定义图纸格式

用户在"新制图"对话框的"指定模板"分组框中选取"空"单选按钮，可以自定义图纸格式进行设计。

1）在"方向"框中指定图纸的布置方向，各按钮的含义如图 9-10 所示。

图 9-10   "方向"框

2）单击 ![纵向] （或 ![横向]）按钮，用户可以在"大小"框中的"标准大小"下拉列表中选取图幅的大小。

3）如果单击 ![可变]按钮，用户可以自定义图纸格式，首先指定图纸度量单位"英寸"或"毫米"，然后在"宽度"和"高度"文本框中输入图纸的尺寸。

9.2　工程图的视图

进入工程图设计环境后，接下来的任务就是建立各种视图。本节将对一般视图、投影视图、详图视图、辅助视图、旋转视图，半视图、局部视图、剖视图等八种视图的创建方法进行介绍，首先来了解一下自动生成视图的方法。

9.2.1　自动生成视图

自动生成视图在设计上经常用到，就是使用 Pro/ENGINEER Wildfire 4.0 内置的工程图模板，自动产生工程图的方法。这类工程图由主视图、俯视图和左视图三种视图组成。

选择菜单中"文件"→"新建"命令，勾选图 9-11 中的"使用缺省模板"复选框，选中"绘图"单选按钮，输入文件名后单击"确定"按钮，系统弹出如图 9-12 所示的"新制图"对话框，指定一个零件模型（图 9-13），并选取一种模板，再单击"确定"按钮，系统即可按照选定的模板自动生成视图，如图 9-14 所示。

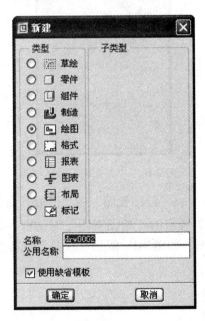

图 9-11　"新建"对话框

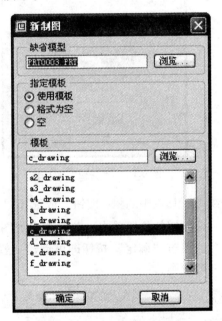

图 9-12　"新制图"对话框

图 9-13　指定的模型零件

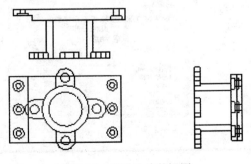

图 9-14　自动生成的视图

9.2.2　一般视图

一般视图是放在图纸上的第一个视图，它是最易于变动的视图，因此可根据任何设置对其进行缩放或旋转。它是创建投影视图、辅助视图和详图视图的基础，又称"主视图"。在一张图纸上可以同时放置多个一般视图。下面介绍一般视图的创建方法。

选择菜单"文件"→"新建"命令，取消图 9-15 中的"使用缺省模板"复选框，选中"绘图"单选按钮，输入文件名后单击"确定"按钮，弹出如图 9-16 所示的"新制图"对话框，单击"浏览"按钮，指定模型文件，在"方向"框下单击"横向"按钮，在"标准大小"下拉列表中选择标准图纸，单击"确定"按钮进入工程图设计窗口。

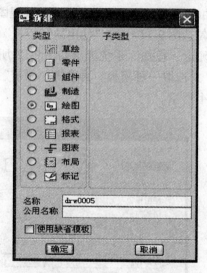

图 9-15　"新建"对话框

图 9-16　"新制图"对话框

单击绘图工具栏中的 按钮，或选择"插入"→"绘图视图"→"一般"命令，然后在要放置一般视图的位置单击，此时弹出如图 9-17 所示的"绘图视图"对话框，保持系统默认的命令，单击"确定"按钮即可创建一般视图，如图 9-18 所示（这是系统按照缺省方向建立的一般视图）。

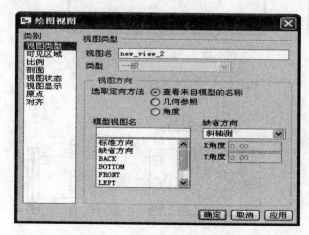

图 9-17　"绘图视图"对话框

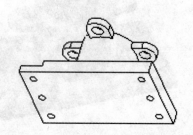

图 9-18　按缺省方向创建的一般视图

如果用户在"绘图视图"对话框中修改视图的各种参数，则可以创建按非缺省设置放置的一般视图。在"视图类型"选项卡下，可以设置如图 9-17 所示的参数，各参数的含义如下。

（1）视图名　当前创建视图的名称。

（2）类型　设置视图的类型。例如，一般、投影等。只有一个一般视图时，无法设置。

（3）视图方向　设置视图的显示方向，"视图方向"框下有 3 种定向视图的方法。

1）查看来自模型的名称：使用来自模型的已保存视图进行定向（缺省方向为"斜轴测"）。用户可以选择"缺省方向"下拉列表中的"用户定义"项，指定视图相对于坐标系 X、Y 轴的角度值来定向，如图 9-19 所示。

图 9-19　更改视图方向

2）几何参照：使用来自绘图中预览模型的几何参照进行定向。设置几何参照为视图定向，分"参照 1"和"参照 2"两部分。参照类型包括"前面"（定义参照向前）、"后面"（定义参照向后）、"顶"（定义参照到顶）等。如图 9-20a、c 所示，设置"参照 1"为"前面"，选取"平面 1"作为前面参照，设置"参照 2"为"顶"，选取"平面 2"为顶参照，此时的视图效果如图 9-20b 所示。

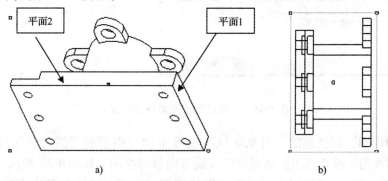

a)　　　　　　　　　　　　　　　　　b)

图 9-20　选取几何参照定向视图

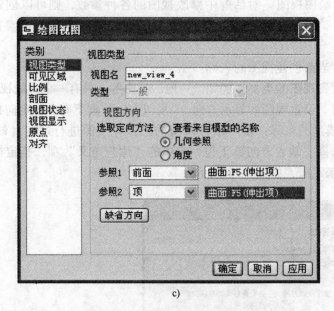

c)

图 9-20 选取几何参照定向视图（续）

3）角度：使用选定参照的角度或定制角度定向。将视图围绕法向、模型垂直方向、水平方向或者选取的边（或轴）旋转一定角度。如图 9-21a 所示，选择"法向"为旋转参照，设置旋转角度为"45"，此时的视图方向如图 9-21b 所示。

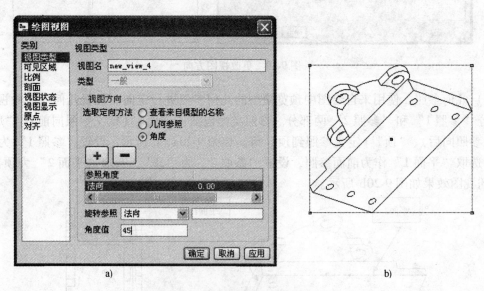

a)   b)

图 9-21 通过设置角度调整视图方向

在"绘图视图"对话框的"可见区域"选项卡中可以设置视图的可见性。如全视图、半视图、局部视图、破断视图，还可以沿 Z 轴方向修剪视图，如图 9-22 所示。

在"比例"选项卡下可以定制视图的缩放比例，也可将视图设置为透视图，如图 9-23 所示。

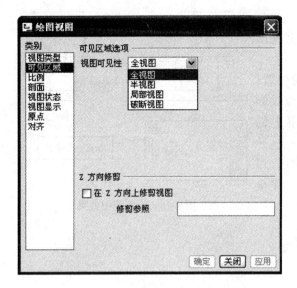

图 9-22 "可见区域"选项卡的参数

图 9-23 "比例"选项的参数

如图 9-24 所示,在"视图显示"选项卡下可以设置视图的显示样式,如显示线型(线框、隐藏线、无隐藏线等)、相切边的显示样式等。图 9-25 所示为"隐藏线"型的一般视图。

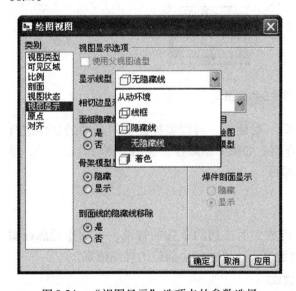

图 9-24 "视图显示"选项卡的参数选择

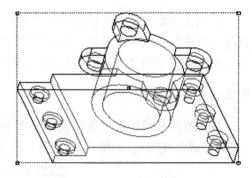

图 9-25 "隐藏线"型的一般视图

9.2.3 投影视图

投影视图是将一个视图(即父视图)沿水平或垂直方向的正交投影。投影视图放置在投影通道中,位于父视图上方、下方、右边或左边。图 9-26 所示为投影视图效果。

插入第一个一般视图(作为父视图)后,按如下步骤可创建投影视图。

步骤 1. 单击"插入"→"绘图视图"→"投影"命令,或者选中视图后右击,在弹出的快捷菜单中选择"插入投影视图"命令。

步骤 2. 选取要在投影中显示的父视图。父视图
上方将出现一个框，代表投影。

步骤 3. 将此框水平或垂直地拖到所需的位置，
单击即可放置视图，如图 9-27 所示。若要修改投影
的属性，则右击投影视图，再单击快捷菜单上的
"属性"命令。

步骤 4. 若要继续定义绘图视图的其他属性，可
单击"应用"按钮，再设置其他属性。如果已完全
定义绘图视图，则单击"确定"按钮。

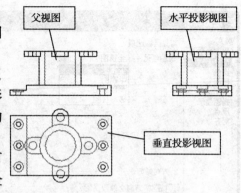

图 9-26　投影视图效果

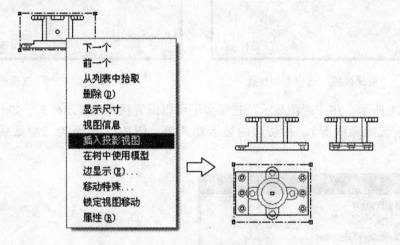

图 9-27　创建投影视图

若双击投影视图，系统会弹出"绘图视图"对话框，可以根据需要对视图的属性进行
修改，方法与一般视图相同，这里不再重复介绍。如果要删除投影视图，则将其选中后，单
击绘图工具栏中的"删除选定项目"按钮 × 即可。

9.2.4　详图视图

详图视图是指将模型视图的一小部分进行放大而得到的单独的视图，也称作局部视图
（或局部放大视图），如图 9-28 所示。它能清楚地表达尺寸较小部位的详细信息。

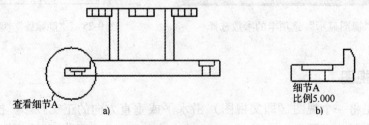

图 9-28　详图视图

创建详图视图的步骤如下。

步骤 1. 打开一个工程图文件，选择"插入"→"绘图视图"→"详图"命令，系统弹出"选取"提示框。

步骤 2. 选取要在详图视图中放大的现有绘图视图中的点，作为放大区域的中心，如图 9-29 所示。

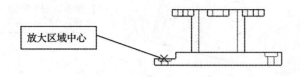

图 9-29　选取放大中心

步骤 3. 绘图项目加亮，系统提示绕点草绘样条。草绘样条要环绕详细显示区域的样条，如图 9-30 所示。在中心点的周围连续单击选取若干点，系统会用样条曲线自动将这些点连接起来形成边界轮廓，单击中键完成绘制。

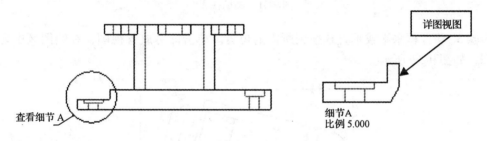

图 9-30　创建详图视图

注意：不要使用草绘工具栏启动样条草绘，直接在绘图区域草绘样条即可。如果访问草绘器工具栏以绘制样条，则会退出详图视图的创建。不必担心能否草绘出完美的形状，因为样条会自动更正。样条自动显示为一个圆和一个详图视图名称的注释。

步骤 4. 在绘图区上选取要放置详图视图的位置。将显示样条范围内的父视图区域，并会标注上详图视图的名称和缩放比例，如图 9-30 所示。

步骤 5. 若要继续定义绘图视图的其他属性，先单击"应用"按钮，然后定义其他属性。如果已完成了对绘图视图的定义，单击"确定"按钮。

9.2.5　辅助视图

它是在恰当角度上向选定曲面或轴进行投影的视图。选定曲面的方向确定投影方向（即所选参照的垂直方向）。父视图中的参照必须垂直于屏幕平面，如图 9-31 所示。它常用来表达斜面的真实尺寸，因此又被称作斜视图。

创建辅助视图的步骤如下。

步骤 1. 打开一个工程图文件，选择"插入"→"绘图视图"→"辅助"命令，系统弹出"选取"提示框。

步骤 2. 选取要创建辅助视图的边、轴、基准平面或曲面。父视图上方出现一个框，代表辅助视图。

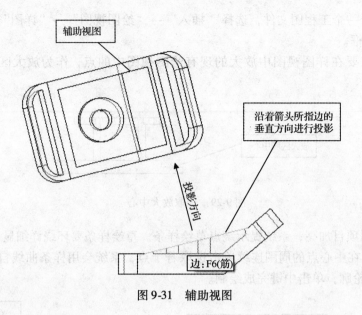

图 9-31　辅助视图

步骤 3. 将此框水平或垂直地拖到所需的位置。单击即可放置视图，在绘图区中显示辅助视图，如图 9-32 所示。

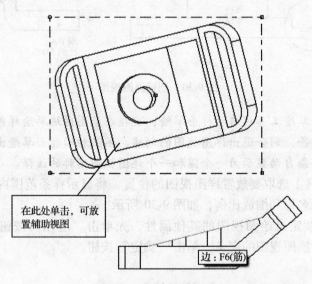

图 9-32　创建辅助视图

注意：若要修改辅助视图的属性，可双击投影视图，或右击视图，单击快捷菜单中的"属性"命令以访问"绘图视图"对话框。使用"绘图视图"对话框中的参数定义绘图视图的其他属性。定义完每个参数后，单击"应用"按钮。完全定义了绘图视图后，单击"确定"按钮。

9.2.6　旋转视图

旋转视图是现有视图的一个剖面，它绕截面投影旋转 90°。可在三维模型中创建的截面，或者在放置视图时创建截面。旋转视图和剖视图的不同之处在于它包括一条标记视图旋转轴的线，如图 9-33 所示。

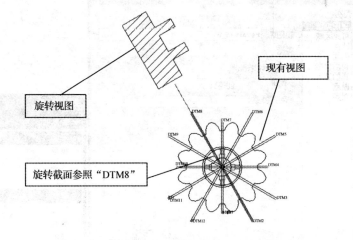

图 9-33　旋转视图

创建旋转视图的步骤如下。

步骤 1. 打开一个工程图文件，选择"插入"→"绘图视图"→"旋转"命令，系统弹出"选取"提示框，如图 9-34 所示。选取一个父视图（由该视图得到旋转视图）。

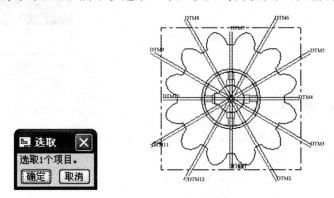

图 9-34　选取父视图

步骤 2. 选取要剖截的视图。该视图加亮显示。

步骤 3. 系统提示选取一点作为旋转视图的放置中心，在合适位置单击鼠标，系统弹出"绘图视图"对话框和"剖截面创建"菜单管理器，如图 9-35 所示。

步骤 4. 在"绘图视图"对话框的"截面"下拉列表中选取"创建新…"命令，在"剖截面创建"菜单管理器中选择"平面"→"单一"→"完成"命令。

步骤 5. 在弹出的"输入截面名"文本框中输入指定截面名称，单击 ☑ 按钮，系统弹出"设置平面"菜单管理器和"选取"提示框，系统提示选取一个平面或基准平面，如图 9-36 所示。

步骤 6. 如图 9-37 所示，选取 DTM8 基准平面作为旋转截面，单击"绘图视图"对话框中的"确定"按钮，即可创建旋转视图。

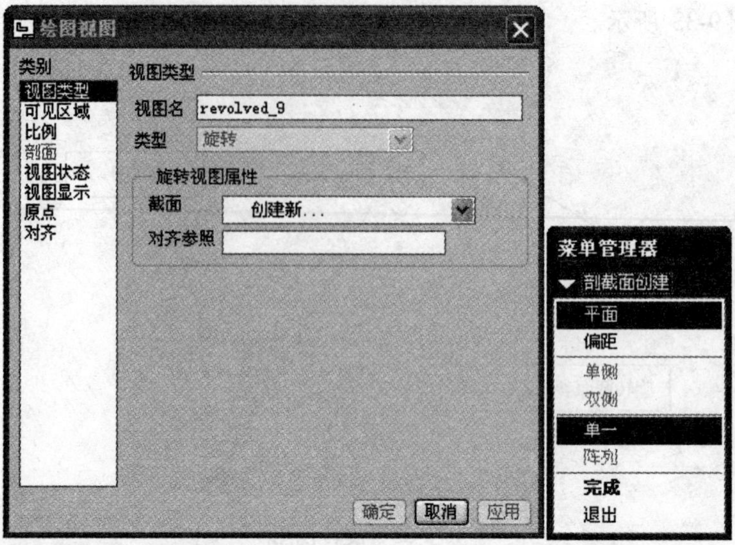

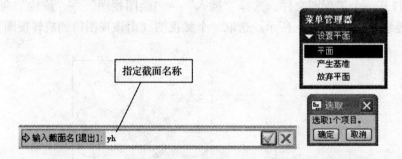

图 9-35 "绘图视图"对话框和"剖截面创建"菜单管理器

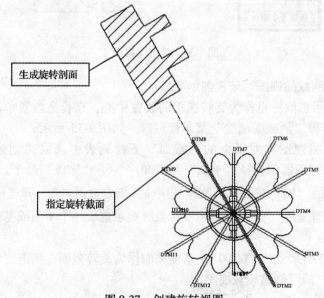

图 9-36 "输入截面名"文本框和"设置平面"菜单管理器

图 9-37 创建旋转视图

双击旋转视图中的剖面线，系统打开"修改剖面线"菜单管理器，可以修改剖面线的间距、角度、偏距、线样式等参数，如图 9-38 所示。图 9-39 所示为将剖面线的间距整体加倍、角度整体旋转 90°的效果。

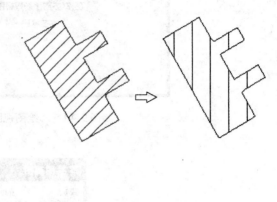

图 9-38 "修改剖面线"菜单管理器　　　　图 9-39 修改剖面线间距和角度

9.2.7 创建半视图

半视图常用于表达结构对称的零件。与创建全视图不同的是必须指定一个平面来确定半视图的截面位置，还需要指定一个视图创建方向。

半视图的创建步骤如下。

步骤 1. 打开"绘图视图"对话框，单击"可见区域"类别，如图 9-40 所示。

步骤 2. "视图可见性"列表中选取"半视图"。显示定义视图区域的选项。

步骤 3. 选取半视图的参照。截面可以是平面或是基准，但它在新视图中必须垂直于屏幕。选定参照加亮，并列在"半视图参照平面"收集器中。如图 9-41 所示选取 RIGHT 基准平面作为半视图参照平面。

步骤 4. 红色箭头定义要显示模型的哪一侧，该箭头自参照平面指向要显示的一侧。在选取平面或基准，或单击 ✕ 按钮之后，系统会显示该箭头。在单击"应用"按钮或"确定"按钮之前，视图本身不会更改，但箭头不再显示。

步骤 5. 使用"对称线标准"列表定义如何在半视图中指示分割，如图 9-42 所示。

步骤 6. 通过指定平行于屏幕的平面，并选择"在 Z 方向上修剪视图"可排除该平面后面的所有图形，并选取平行于该视图的边、曲面或基准平面修剪参照。在视图中执行"Z 修剪"时，切记以下内容：

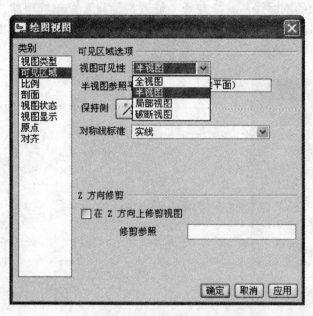

图 9-40　"绘图视图"对话框

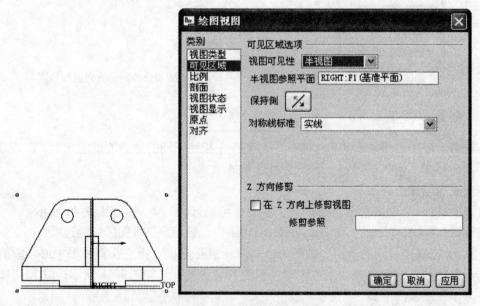

图 9-41　选取半视图参照平面

1）如果系统不能为修剪平面再生参照，那么"Z 修剪"对该视图不起作用（出现错误消息）。

2）详图视图的"Z 修剪"总与其主视图的相同，即不能单独修改。

步骤 7. 若要继续定义绘图视图的其他属性，单击"应用"按钮，然后选取适当的类别。如果已完全定义绘图视图，单击"确定"按钮。全视图及其半视图如图 9-43 所示。

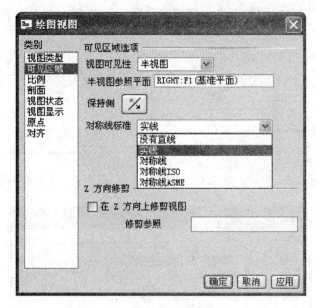

图 9-42　"对称线标准"下拉列表

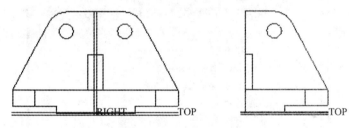

图 9-43　全视图及其半视图

9.2.8　创建局部视图

局部视图用于表达零件的局部结构。局部视图的创建步骤如下。

步骤 1. 打开"绘图视图"对话框，单击"可见区域"类别，如图 9-40 所示。

步骤 2. 从"视图可见性"列表中选取"局部视图"。显示定义视图区域的选项。

步骤 3. 在局部视图中要保留的区域中心附近单击鼠标，系统将在该位置显示一个"×"号，如图 9-44 所示。

步骤 4. 围绕需要显示的区域草绘样条。注意：不要使用草绘工具栏启动样条草绘。只需单击绘图区直接草绘。如果使用了工具栏草绘，则局部视图会被取消，并且样条为二维绘制图元。完成草绘样条后单击鼠标中键，如图 9-45 所示。

步骤 5. 若要在样条中显示所包含局部视图的边界，则需确保选取"在视图上显示样条边界"复选框。边界以几何线型显示，如图 9-46 所示。

步骤 6. 通过指定平行于屏幕的平面，并选择"在 Z 方向上修剪视图"可排除该平面后面的所有图形，并选取平行于该视图的边、曲面或基准平面修剪参照。

步骤 7. 若要继续定义绘图视图的其他属性，先单击"应用"按钮，然后选取适当的类别。如果已完成了对绘图视图的定义，则单击"确定"按钮。全视图和局部视图如图9-47所示。

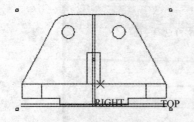

图9-44 选取中心显示一个"×"号

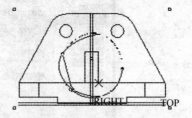

图9-45 样条选取局部区域

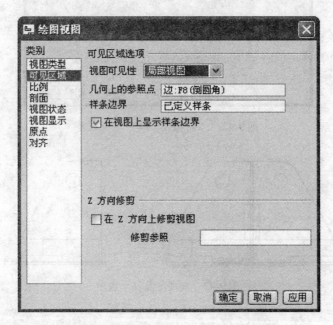

图9-46 选取"在视图上显示样条边界"

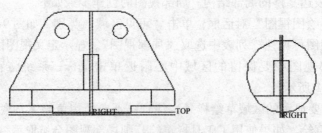

图9-47 全视图和局部视图

9.2.9 创建剖视图

剖视图常用于表达模型内部的孔以及内腔结构。剖视图的创建步骤如下。

步骤1. 创建绘图或打开现有的绘图。

步骤2. 双击绘图视图，打开"绘图视图"对话框。

步骤 3. 单击"剖面"，将在"绘图视图"对话框中显示"剖面"选项卡，如图 9-48 所示。

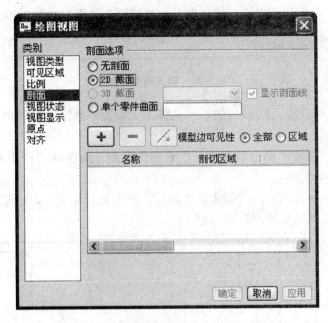

图 9-48　"剖面"选项卡

步骤 4. 单击"2D 截面"单选按钮，如果绘图中不存在 2D 截面，则需要创建一个新的 2D 截面。

步骤 5. 单击 **+** 按钮以创建一个新的 2D 截面。

步骤 6. 从"剖面"选项卡的"名称"列表中选取"创建新"。系统弹出"剖截面创建"菜单管理器，如图 9-49 所示。

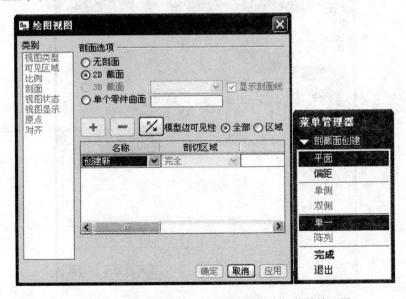

图 9-49　"剖面"选项卡和"剖截面创建"菜单管理器

步骤 7. 将截面定义为"平面"或"偏距"。在"剖截面创建"菜单中，为"平面"或"偏距"选取正确的属性。

步骤 8. 单击"完成"按钮。系统将提示为截面输入名称，如图 9-50 所示。

图 9-50　输入截面名称

步骤 9. 输入名称后按〈Enter〉键。系统弹出"设置平面"菜单管理器。系统将提示定义截面参照。

步骤 10. 选择"平面"命令以选取一个现有的参照，或选择"产生基准"命令以创建一个新平面。

步骤 11. 在选取现有的平面或创建新平面后，单击鼠标中键。2D 剖面将被放置在绘图中，如图 9-51 所示。"绘图视图"对话框关闭。

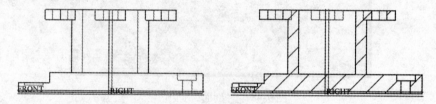

图 9-51　主视图和全剖视图

步骤 12. 如果在"剖切区域"下拉列表中选取"局部"，如图 9-52 所示，则可以创建局部剖视图，此时系统会提示选取一点作为剖切中心，选中的点将显示一个"×"标记，围绕该点草绘封闭曲线作为局部剖视图的范围，如图 9-53 所示。

图 9-52　设置局部视图

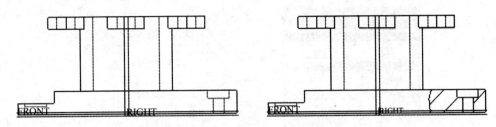

图 9-53　主视图和局部剖视图

9.3　尺寸标注

一张完整的工程图通常包括一组视图、尺寸、注释文字、公差等元素。因此，创建各种视图后，还要标注尺寸，添加注释和公差，以便工程人员正确把握零件模型的详细技术指标和关键部位的精密参数，便于及时调整修改。

9.3.1　自动标注尺寸

使用 Pro/E 设计工程图时，可以自动标注尺寸，也可以手动标注尺寸。自动标注尺寸需要使用"显示/拭除"对话框。单击绘图工具栏中的"打开显示/拭除"按钮 ![icon] 或者选择"视图"→"显示及拭除"命令，系统打开"显示/拭除"对话框，如图 9-54 所示。

在"显示/拭除"对话框的"显示"和"拭除"标签下具有相同的按钮，用来显示或拭除尺寸、注释、轴和符号等信息。同时可以指定显示方式，包括以下几种。

（1）特征　显示所选特征的尺寸。

（2）特征和视图　在指定视图中显示所选特征的尺寸。

（3）零件　显示所选零件的详细尺寸。

（4）零件和视图　在指定视图中显示所选零件的尺寸。

（5）视图　显示所选视图的尺寸。

（6）显示全部　单击此按钮可以显示所有项目。

下面介绍自动标注视图尺寸的方法，具体步骤如下。

步骤 1. 启动 Pro/E 软件，打开工程图文件。

步骤 2. 单击工具栏中的"显示/拭除"按钮 ![icon]，系统打开"显示/拭除"对话框，如图 9-54 所示。

步骤 3. 在"显示/拭除"对话框中单击"尺寸"按钮 ![icon]，单击"显示方式"中的"视图"单选按钮，然后单击要标注的视图，此时尺寸会自动标注出来，单击鼠标中键确认即可，如图 9-55 所示。

步骤 4. 单击"显示/拭除"对话框中的 关闭 按钮，完成尺寸的标注。

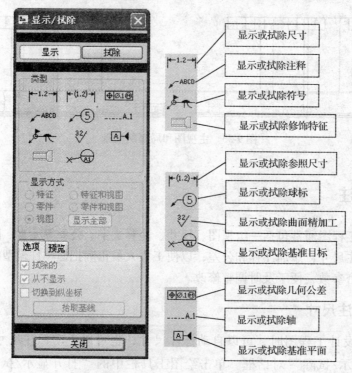

图 9-54　"显示/拭除"对话框

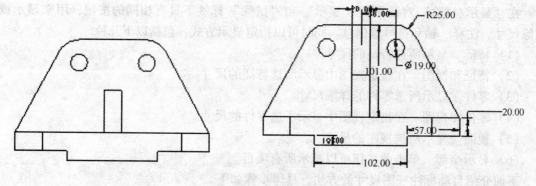

图 9-55　自动标注尺寸

9.3.2　手工标注尺寸

使用绘图工具栏中的"使用新参照创建标准尺寸"按钮 ，可以人工标注尺寸，以避免自动标注时有不符合规范的情况发生。手工标注尺寸的一般步骤如下。

步骤 1. 启动 Pro/ENGINEER Wildfire 4.0 软件，打开工程图文件。

步骤 2. 单击绘图工具栏中的"使用新参照创建标准尺寸"按钮 ，系统弹出"依附类型"菜单管理器，选择依附类型（这里保持系统默认类型"图元上"），如图 9-56 所示。

步骤 3. 如图 9-57 所示，单击要标注尺寸的图元，然后在合适位置处单击鼠标中键可完成标注。重复同样的操作，即可标注其他尺寸。

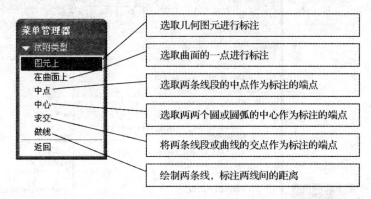

图 9-56　"依附类型"菜单管理器

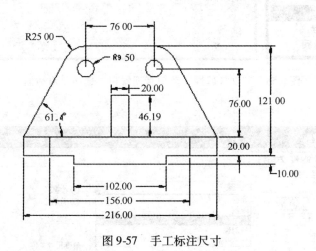

图 9-57　手工标注尺寸

9.3.3　标注尺寸公差

在系统默认情况下，Pro/ENGINEER Wildfire 4.0 软件不显示尺寸的公差。但可以按照下面的方法将其显示出来。选择"文件"→"属性"命令，系统打开"文件属性"菜单管理器，选择"绘图选项"命令，打开"选项"对话框，在该对话框中将"这些选项控制尺寸公差"下的"tol_display"的值修改为"yes"即可，如图 9-58 所示。

接下来就可以标注尺寸公差，具体方法为在图样上双击要标注公差的尺寸，系统打开"尺寸属性"对话框，如图 9-59 所示。在"公差模式"下拉列表框中选择"加-减"模式，再设置公称值、公差值、显示方式和格式等信息，最后单击"确定"按钮完成设置，如图 9-60 所示。

图 9-58   "文件属性"菜单管理器和"选项"对话框

图 9-59   "尺寸属性"对话框

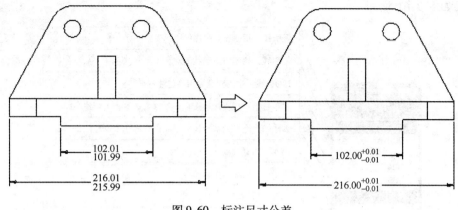

图 9-60　标注尺寸公差

9.4　注释的创建

使用工具栏中的注释工具按钮 ，可以在工程图上添加说明性的文字和技术要求，如图 9-61 所示。

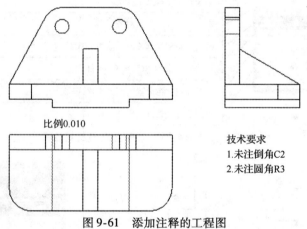

比例0.010

技术要求
1.未注倒角C2
2.未注圆角R3

图 9-61　添加注释的工程图

单击工具栏中的"创建注释"按钮 ，系统弹出如图 9-62 所示的"注释类型"菜单管理器。

为工程图添加注释的一般步骤如下。

步骤 1. 打开要添加注释的工程图文件，如图 9-63 所示。

步骤 2. 单击工具栏中的"创建注释"按钮 ，系统弹出"注释类型"菜单管理器，如图 9-62 所示。选择"无引线"→"输入"→"水平"→"标准"→"缺省"→"制作注释"命令，系统弹出"获得点"菜单管理器，保持系统默认"选出点"不变，如图 9-64 所示。

步骤 3. 在图样的适当位置单击，系统弹出"输入注释"文本框，输入注释内容，单击 按钮，系统再次弹出"输入注释"文本框，继续输入需要注释的内容，如图 9-65 所示。

步骤 4. 全部注释文字输入完后，在弹出"输入注释"文本框中单击 按钮，然后在"注释类型"菜单管理器中选择"完成/返回"命令，即可完成注释的添加操作。添加注释后的效果如图 9-61 所示。

图 9-62　"注释类型"菜单管理器及其含义

图 9-63　标注前的工程图　　　　　　图 9-64　"获得点"菜单栏

图 9-65　"输入注释"文本框

9.5 几何公差的标注

选取菜单栏中"插入"→"几何公差"命令或单击 按钮，系统打开如图 9-66 所示的"几何公差"对话框。在"模型参照"选项卡中设置公差标注的位置，在"基准参照"选项卡中设置公差标注的基准，在"公差值"选项卡中设置公差的数值，在"符号"选项卡中设置公差的符号。

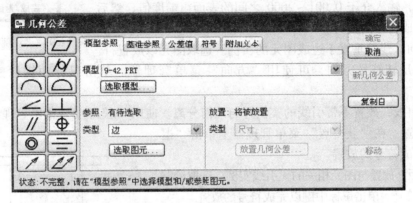

图 9-66 "几何公差"对话框

9.6 表面粗糙度的标注

表面粗糙度标注的步骤如下。

步骤 1. 单击"插入"→"表面粗糙度"命令。系统弹出"得到符号"菜单管理器，如图 9-67 所示。

步骤 2. 选择"检索"命令。系统弹出"打开"对话框，如图 9-68 所示。浏览到"machined"文件夹，双击打开"standard1. sym"文件。

图 9-67 "得到符号"菜单管理器

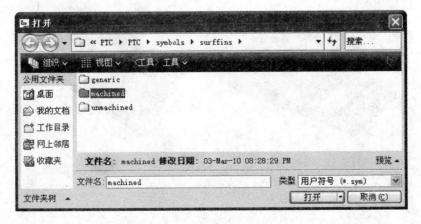

图 9-68 "打开"对话框

步骤 3. 系统弹出"实例依附"菜单管理器，如图 9-69 所示。选取依附方式为"法向"（一般选"法向"较多）。各依附方式的含义如下。

1）引线，使用引线连接实例。在"依附类型"菜单管理器和"获得点"菜单管理器中选取可用命令以放置符号。出现提示时，输入介于 0.001～2000 之间的表面粗糙度值。单击鼠标中键完成符号的放置。

2）图元，将实例连接到边或图元。选取图元以放置符号。出现提示时，输入介于 0.001～2000 之间的表面粗糙度值，然后单击中键完成符号的放置。

图 9-69 "实例依附"菜单

3）法向，连接垂直于边或图元的实例。选取图元以放置符号，如果要反转符号方向，可使用"方向"菜单管理器。单击鼠标中键以完成符号的放置。

4）无引线，放置不带引线的实例并与几何分离。使用"获得点"菜单管理器将符号放置到所需位置。在"获得点"菜单管理器上单击"退出"按钮完成符号的放置。

5）偏距，放置与图元相关的无引线实例。选取绘制图元以放置符号。单击鼠标中键以完成符号的放置。

步骤 4. 选取需要标注表面粗糙度的面，并输入表面粗糙度值，完成表面粗糙度的标注，如图 9-70 所示。

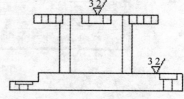

图 9-70 标注表面粗糙度

练 习

9-1 什么情况下需要使用全视图表达零件？什么情况下需要使用局部视图表达零件？

9-2 在工程图上通常需要进行哪些标注？

9-3 利用本章所学知识，为图 9-71 所示的模型创建完整的工程图（尺寸自定），其中包括一般视图、投影视图、详图视图、全视图、局部视图，并对其进行尺寸标注、尺寸公差标注、几何公差标注及表面粗糙度标注，对工程图添加注释（所有参数自定）。

图 9-71 三维模型

第10章 模具设计

知识目标

- ✧ Pro/ENGINEER Wildfire 4.0 模具设计的基本流程。
- ✧ 模具分型面设计。
- ✧ 浇注系统设计。
- ✧ 模具检测与分析的方法。

能力目标

- ✧ 掌握各类分型面的设计方法及适应范围。
- ✧ 掌握浇注系统、冷却系统设计方法。
- ✧ 掌握模具设计的基本流程。
- ✧ 熟练运用 Pro/ENGINEER Wildfire 4.0 软件进行模具设计。

10.1 模具概述

在信息社会和经济全球化不断发展的进程中，模具行业发展趋势主要是模具产品向着更大型、更精密、更复杂及更经济快速方向发展。伴随着产品及含量的不断提高，模具生产向着信息化、数字化、无图化、精细化、自动化发展；模具企业向着技术集成化、设备精良化、产品品牌化、管理信息化、经营国际化方向发展。

10.1.1 模具设计的发展

以 2005 年全国模具产值 600 亿元为基础，按"十一五"期间年均增速 12% ~ 15% 及 2010 至 2020 年期间年平均增速 10% 左右测算，总量目标为按年均增速 12% 推算，2020 约为 2600 亿元。经过"十一五"努力，使我国模具水平到 2010 年时进入亚洲先进水平的行列，再经过 10 年的努力，2030 年时基本达到国际水平，使我国成为模具生产大国，而且进入世界模具生产强国之列。在今后塑料模具设计方面的发展方向主要包括以下几个方面的重点产品。

1. 大型及精密塑料模具

塑料模具占模具总量近 40%，而且这个比例还在不断上升。塑料模具的行业涉及：为汽车和家电配套的大型注射模具，为集成电路配套的精密塑封模具，为信息产业和机械行业配套的多层、多型腔、多材质、多色精密注塑模，为新型建材及节水农业配套的塑料异型材及挤出模及管路和喷头模具等，目前虽然已有相当技术基础并正在快速发展，但技术水平与国外仍有较大差距，总量也供不应求，每年进口几亿美元。

2. 主要模具标准件

目前国内已有较大产量的模具标准件，主要是木架导向零件、推杆推管、弹性元件等。但质量较差，品种规模较少。这些产品不但国内大量需要，出口前景也很好，应继续大力发展。

气辅成型技术和无流道技术的发展，促使相应的氮气元件和相应的热流道元件得到了发展，但我国主要依赖进口，应在现有基础上提高水平，形成标准，并组织规模化生产。

10.1.2 Pro/ENGINEER Wildfire 4.0 软件在模具设计、制造中的应用

随着我国汽车、摩托车、家电等工业的迅速发展，工业产品在满足性能要求的同时，变得越来越复杂，而这些产品的制造离不开模具，这就要求模具制造行业以最快的速度，最高的质量生产出模具。为达到上述要求，模具企业只有运用先进的管理手段和 CAD/CAM 集成制造技术，才能在激烈的市场竞争中处于不败之地。

1. Pro/E 软件的集成制造技术

模具 CAD/CAE/CAM 系统的集成关键是建立单一的图形数据，在 CAD、CAE 和 CAM 各单元之间实现数据的自动传递与转换，使 CAM、CAE 阶段完全吸收 CAD 阶段的三维图形，减少中间建模的时间和误差；借助计算机对模具性能、模具结构、加工精度、金属液体在模具中的流动情况及模具工作过程中的温度分布情况等进行反复修改和优化，将问题发现在正式生产前，大大缩短模具制造的时间，提高模具加工精度。Pro/E 软件采用面向对象的统一数据和参数化造型技术，具备概念设计，基础设计和详细设计功能，为模具的集成制造提供了优良的平台。

2. Pro/E 的并行工程技术在模具中的应用

模具是面向订单式的生产方式，属于单行生产，制造过程复杂，要求交货时间短。如果单独利用 CAD、CAM 技术制造模具，不但制造精度低，而且周期长，为解决上述难题，人们将并行工程技术引入到模具制造过程中。

所谓并行工程是设计工程师在进行产品三维设计阶段就考虑的成型工艺、影响模具寿命的因素，并进行校对、检查、预先发现设计过程的错误。在初步确定产品的三维模型后，设计、制造及辅助分析部门的多位工程师同时进行模具结构设计、工程详图设计、模具性能辅助分析及数控机床加工指令的编程，而且每一个工程师对产品所作的修改可以自动反映到其他工程师那里，大大缩短设计、数控编程的时间。

在实际生产过程中，应用 Pro/ENGINEER 软件，将原来模具结构设计→模具型腔、型芯二维设计→工艺装备→模具型腔、型芯三维造型→数控加工编程路线，改为由不同的工程师同时进行设计、工艺的准备（并行路线），不但提高了模具的制造精度，而且能缩短设计、数控编程时间达 40% 以上。

要实施并行工程，关键要实现零件三维图形数据共享，每个工程师用的图形数据是绝对相同的，并使每个工程师所作的修改自动反映到其他有关的工程师那里，保证每个数据的唯一性和可靠性。Pro/ENGINEER 软件具有的单一性数据库、参数化实体特征造型技术为实现并行工程提供了可靠的技术保证。

10. 1. 3　注射成型模具的分类

1）按注射模具所用注射机的类型不同，可分为卧式注射机用模具、立式注射机用模具和角式注射机用模具。

2）按塑料的性质分类，可分为热塑性塑料注射模具和热固性塑料注射模具。

3）按注射模具的典型结构特征分类，可分为单分型面注射模具、双分型面注射模具、斜导柱（弯销、斜导槽，斜滑块、齿轮齿条）侧向分型与抽芯注射模具、带有活动镶件的注射模具、定模带有推出装置的注射模具和自动卸螺纹注射模具等。

4）按浇注系统的结构形式分类，可分为普通流道注射模具和热流道注射模具。

5）按注射成型技术可分为低发泡注射模、精密注射模、气体辅助注射成型注射模、双色注射模、多色注射模等。

10. 2　模具设计的步骤

10. 2. 1　模具模型

Pro/MOLDESIGN 是 Pro/ENGINEER 的一个选用模块，提供给使用者仿真模具设计过程所需的工具。这个模块接受实体模型来创建模具组件，且这些模具组件必然是实体零件，可以应用在许多其他的 Pro/ENGINEER 模块，例如，零件，装配，出图及制造等模块。由于系统的参数化特性，当设计模型被修改时，系统将迅速更新，并将修改反映到相关的模具组件上。

1. 典型的 Pro/MOLDESIGN 过程

在 Pro/ENGINEER 中创建模具组件，将包含某些或所有以下的步骤。

1）创建模型。

2）进行拔模斜度检查或厚度检查，以确定零件有恰当拔模斜度，可以从模具中完全退出；或确认没有过厚的区域以造成下陷。

3）创建工件，这个工件是用来定义所有模具组件的体积，而这些组件将决定零件的最后形状，如果需要可选取适当的模座。

4）在模具模型上创建缩水率。缩水率根据选择的形态，可以等向或非等向地增加在整个模型指定的特征尺寸。

5）加入模具装配特征形成流道及浇口。这些特征创建后将被加到模具设计中，且将从模具组件几何中被挖除。

6）定义分型面及模块体积，用来分割工件形成个别的模具组件。

7）抽取所有完成的模具的体积块，将所有的曲面几何转换为实体几何，形成实体零件，在 Pro/ENGINEER 其他的模块中使用。

8）填满模具槽穴来创建模型。借着利用工件的体积减去抽取的模具组件的体积，系统就能以剩下的体积自动创建模型。

9）定义模具开启的步骤及检查干涉，如必要就进行修改。

10）依需要装配模座组件，这些模座是标准的模座零件，可由诸如 HASCOA 及 DME 等供应商处取得，系统将它们与模具模型一起显示。

11）完成所有组件的细部出图及其他的设计项目，例如，射出系统的配置及冷却水路的布置。

由上可在 Pro/ENGINEER 中生成模具组件的主要步骤，可发现有数个方式完成组件设计。

2. Pro/ENGINEER Wildfire 4.0 模具设计常用术语

（1）设计模型　在 Pro/MOLDESIGN 中，设计模型代表成型后的最终产品，是所有模具操作的基础。设计模型必须是一个零件，在模具中是以参考模型表示。假如设计模型是一个组件，应在装配模式中合并换成零件模型。设计模型在零件模式或直接在模具模式中创建。在模具模式中，这些参考零件特征，曲面及边可以被用来当作模具组件参考，并将创建一个参数关系回到设计模型。系统将复制所有基准平面的信息到参考模型。假如任何的层已经被创建在设计模型中，且有指定特征给它时，这个层的名称及层上的信息都将从设计模型传递到参考模型。设计模型中层的显示状态也将被复制到参考模型。

（2）参照模型　参照模型是以放置到模块中的一个或多个设计模型为基础，是实际被装配到模型中的组件，是一个称为合并的单一模型所组成。这个合并特征维护着参考模型及设计模型间的参数关系。如果想要或需要额外的特征可以增加到参考模型，这会影响到设计模型。当创建多穴模具时，系统每个穴中都存在单独的参考模型，而且都参考到其他的设计模型。

（3）工件　工件表示模具组件的全部体积，这些组件将直接分配熔解材料的形状。工件应包围所有的模穴，浇口，流道。工件可以是 AB 板的装配或一个很简单的插入件。它将被分割成一个或多个组件。工件可以全部都是标准尺寸，以配合标准的基础机构；也可以自定义配合设计模型几何。工件可以是一个在零件模块中创建的零件，或是直接在模具模块中创建，只要它不是组件的第一个组件。

（4）模具模型　模具模型是一个组件，包含一个或多个参考零件以及一个或多个工件。模具模型是以叫回顶层组件来操作的模型。在装配模块中也有处理模具模型的选择，但必须模具模型先被叫回。在模具模型被叫回到装配模块之前，模具模型文件必须先存在工作区内存中。

（5）模具组件　模具组件包含所有的参考零件，所有的工件及任何其他的基础组件或夹具。所有的模具特征将创建在模具组件层。模具特征包含但不限于分模曲面，模具组件可以叫回到装配模块，模具模型文件存在工作区的内存中。

10.2.2　Pro/ENGINEER Wildfire 4.0 模具设计

模具模型的打开步骤：

打开 Pro/ENGINEER Wildfire 4.0 后，选择"文件"→"新建"命令，在弹出如图 10-1 所示的"新建"对话框中"类型"选择"制造"单选按钮，"子类型"选择"模具型腔"单选按钮，在"名称"文本框中输入模具模型的名称，取消"使用缺省模板"复选框，单击"确定"按钮。

在如图 10-2 所示的"新文件选项"对话框中选择米制模板"mmns_mfg_mold"，再单击"确定"按钮，进入模具设计窗口。

10.2.3　模具设计环境

进入模具设计窗口后，绘图区的右上角会出现如图 10-3 所示的"模具"菜单管理器，它包括了模具设计的大部分内容。

绘图区会生成三个基准平面 MOLD_FRONT，MOLD_RIGHT，MAIN_PARTING_PLN 和一个基准坐标系 MOLD_DEF_CSYS，还有黄色箭头标注的 PULL_DIRECTION 系的并模方向，如图 10-4 所示。

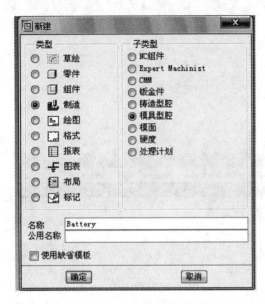

图 10-1　"新建"对话框

图 10-2　"新文件选项"对话框

图 10-3　"模具"菜单管理器

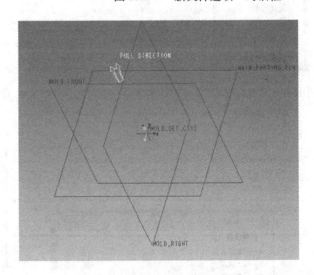

图 10-4　基准平面和基准坐标系

10.2.4　设计模型和参照模型

要创建或者参照模型，可以单击工具栏的按钮，或者通过"模具"菜单管理器中选择"模具模型"→"定位参照零件"命令，如图 10-5 所示。然后系统自动弹出"打开"对话框，如图 10-6 所示，通过在对话框中选择相应的参照零件文件名，打开此文件。打开文件后，系统自动弹出"创建参照模型"对话框，如图 10-7 所示。单击"确定"按钮，系统显示"布局"对话框，如图 10-8 所示。单击"参照模型的起点与定向"中 ▶ 按钮，单击参照零件 Battery 的坐标系，再单击"布局起点"中 ▶ 按钮，选取 MOLD_DEF_CSYS，如图 10-9 所示。"布局"选择为"单一"，单击"确定"按钮，结果如图 10-10 所示。

图 10-5　"模具模型"
菜单管理器

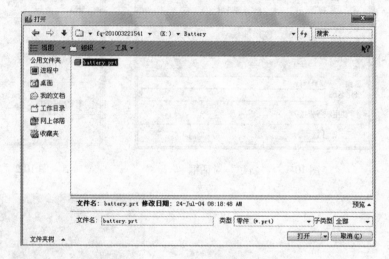

图 10-6　打开零件

图 10-7　"创建参照模型"对话框

图 10-8　"布局"对话框

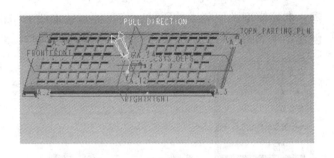

图 10-9   设置布局   图 10-10   设置参照模型

10.2.5   创建工件

在 Pro/E NGINEER 中，要创建工件，可以通过选择 "模具" 菜单管理器中的 "模具模型" → "创建" → "工件" 命令，然后从 "创建工件" 菜单管理器中选择工件的创建方法，这里提供了两种创建工件的方法，即手动和自动，下面就来详细介绍使用这两种方法创建工件的操作过程。

1. 自动创建工件

使用 "自动工件" 创建功能可根据参照模型的大小和位置创建工件。使用此方法时，首先需要创建或打开模具制造组件，并装配参照组建，然后在模具菜单管理器中单击 "工件" 按钮，或者使用上面介绍的方法展开 "创建工件" 菜单管理器，在菜单管理器中选中 "自动" 命令，接着系统在屏幕上弹出 "自动工件" 对话框，"模具" 菜单管理器和 "自动工件" 对话框如图 10-11 所示。

此时，工件的初始大小是由参照模型的边界框大小决定的。默认情况下，边界框是参照模型的矩形表示，在 X、Y、Z 这 3 个方向显示其大小包络。对于有多个参照模型的情况，将用显示包括所有参照模型的单边界框来创建工件，如图 10-12 所示。

工件的位置取决于参照模型的 X、Y、Z 轴坐标。只有坐标具有唯一的正值和负值。矩形工件使用其边界框的中心作为其中心，圆柱形工件选用的坐标系作为其中心。工件的方向是由模具模型或模具组建坐标系（模具原点）决定。在 "自动工件" 对话框中的 "平移工件" 框中使用指轮，可以相对于模具组建坐标系移动工件坐标系。下面以音箱的前壳为例，来说明创建自动工件的操作过程。

步骤 1. 选择 "文件" → "新建" 命令，在 "新建" 对话框中 "类型" 选择 "制造"

单选按钮，"子类型"选择"模具型腔"单选按钮，输入文件名为"FRONT_CABINET"，"使用缺省模板"不打钩，单击"确定"按钮，选择米制模板为"mmns_mfg_mold"，单击"确定"按钮，进入模具设计窗口，单击 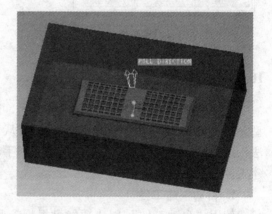 按钮或者选择"模具模型"→"装配""参照模型"命令，系统打开零件，进入装配窗口，选择三个基准平面后，弹出创建参照模型对话框，选择"按参照合并"单选按钮，单击"确定"按钮。

步骤 2. 选择"创建"→"创建工件"→"自动"命令，系统弹出"自动工件"对话框，参照模型选取装入的零件，模具原点选取模具坐标系，分别输入 X，Y，Z 方向的尺寸，创建结果如图 10-12 所示。

图 10-11　"模具"菜单管理器和"自动工件"对话框　　　　图 10-12　创建结果

2. 手动创建工件

若要使用手动方法创建工件，用户可以在"模具"菜单管理器中选择"模具模型"→"创建"→"工件"→"手动"命令，此时屏幕上弹出"元件创建"对话框，选取所需的工件创建方法，最后单击"确定"按钮。具体的操作过程如图 10-13 所示。

按照如图 10-13 所示的操作过程设置后，系统进入了特征环境，在此后的创建过程与标准特征的创建方法是相通的。

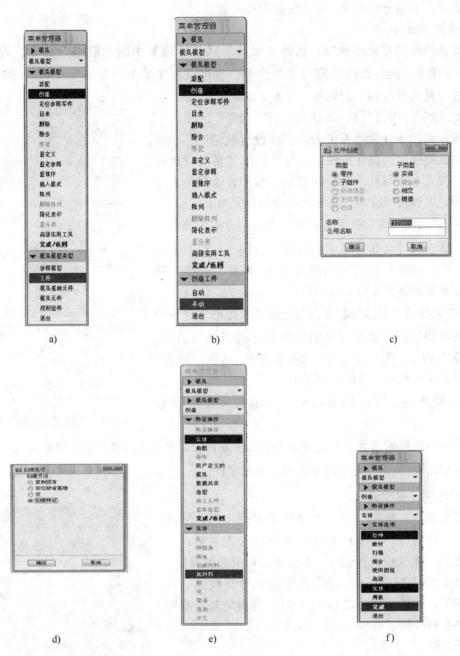

图 10-13 具体的操作过程

10.2.6 设置收缩率

所谓的收缩是指制模时在固化及冷却后出现收缩小的现象。将收缩值应用到模型中，就可以按照与模具成型过程的收缩量成比例增加参照模型的尺寸。

在 Pro/MOLDESIGN 中，有两种应用收缩的方法，即按尺寸和按比例进行。要设置收缩率，可以通过在"模具"菜单管理器中选择"收缩"命令，从弹出的"收缩"子菜单中选择收缩方法。下面分别说明两种方法的操作步骤。

1. 按尺寸设置收缩率

若要使用按尺寸应用收缩，选择"模具"菜单管理器中的"收缩"命令，系统弹出"收缩"子菜单。然后选择"按尺寸"命令，也可以直接单击"模具"工具栏中的🔧按钮，打开"按尺寸收缩"对话框，如图 10-14 所示。

在对话框的"公式"框中单击"$1+S$"或者"$1/(1-S)$"按钮，指定要用于计算收缩的公式。在设置收缩时，如果不希望将收缩应用到设计零件中，可以取消"更改设计零件尺寸"复选框。另外，在"收缩率"框中，通过单击相应的按钮，可以将尺寸插入表中。按钮的含义如下。

图 10-14　"按尺寸收缩"对话框

单击🔧按钮，可以选取要在其上面应用收缩的零件中的尺寸。所选尺寸会作为表中新行插入。同时，在表中的"比率"列中，为尺寸指定一个收缩率 S，或在"终值"列中，指定希望收缩尺寸所具有的值。

单击🔧按钮，可以选取要在其上应用收缩的零件中的特征。所选特征的全部尺寸分别作为独立的行插入表中。在"比率"列中，为尺寸指定一个收缩率 S，或在"终值"列中，指定希望收缩尺寸所具有的值。

单击🔧按钮，可以切换显示尺寸的数字值或符号名称。

用户也可以根据需要单击按钮在表中添加新行，或者单击按钮从表中删除一行。

最后单击 ✔ 按钮将选按尺寸收缩应用到零件。

2. 按比例设置收缩率

使用此方法，将相对于一个坐标系来按比例收缩几何零件，可以为每一个坐标系指定不同的收缩系数。只有在"模具"模式中进行设计，次收缩才影响参照模型。

在 Pro/ENGINEER 中，使用两种公式计算收缩。在应用收缩时，如果利用公式 $1/(1-S)$，则指定基于参照零件最终几何收缩系数。

操作步骤：

在"收缩"菜单中选择"按比例"命令，或者在"模具"工具栏中单击🔧按钮，打开"按比例收缩"对话框，如图 10-15 所示。在"公式"框中，单击"$1+S$"或者"$1/(1-S)$"按钮指定要用于计算收缩的公式。选取收缩特征将其用作参照的坐标系，所选坐标系会出现在"坐标系"的框中，在"类型"框中，"各向同性的"和"前参照"复选框可根据需要选用。在收缩率的文本

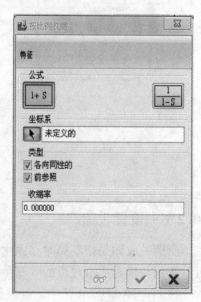

图 10-15　"按比例收缩"对话框

框中输入收缩率的值，然后单击 ✓ 按钮，将按比例收缩应用到零件中。

10.2.7　创建浇注系统

1. 浇注系统设计的基本要点

浇注系统设计包括主流道的选择，分流道截面形状与尺寸的设计，浇口位置的选择，浇口形式及浇口截面尺寸的确定。

在设计浇注系统时首先是选择浇口位置，浇口位置的设计原则如下：

1）设计浇注系统时流道尽量减少弯折。

2）设计浇注系统时，应考虑模具是一模一腔还是一模多腔，浇注系统应按型腔布局设计，尽量与模具中心线对称。

3）塑胶制品投影面积较大时，在设计浇注系统时，应尽量避免在模具的单侧开设浇口，否则会造成注塑时受力不均。

4）设计浇注系统时，应尽量考虑去除浇口方便，并且在外观不留痕迹。

5）一模多件时应防止将大小相差较大的制品放在同一模具内。

6）在设计主流道时，应避免冲击小直径的型芯和嵌件，以免造成弯曲。

7）在满足塑胶成型和排气良好的前提下，要选取最短的流程。

8）尽量避免制品产生熔接痕，或使熔接痕产生在不重要的部位。

2. 浇注系统的创建步骤

步骤 1. 选择"文件"→"新建"命令，弹出"新建"对话框的"类型"中选择"制造"单选按钮，"子类型"选择"模具型腔"单选按钮，输入文件名为"VOLUME"，"使用缺省模板"不打钩，单击"确定"按钮，选择米制模板为"mmns_mfg_mold"，单击"确定"按钮，进入模具设计窗口。选择"模具模型"→"定位参照零件"→"型腔创建"命令，弹出"布局"对话框，"布局起点"中选取 MOLD_DEF_CSYS，"布局"选"矩形"，"定向"选"恒定"，输入 X 方向型腔数为"2"，增量为"50"，Y 方向型腔数为"1"，增量为"0"，单击"确定"按钮，如图 10-16 所示。

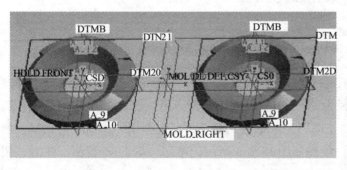

图 10-16　布局

步骤 2. 手动创建工件。选取"模具模型"→"创建"→"工件"→"手动"命令，系统弹出"元件创建"对话框，输入工件名称为"WORK_VOL"，单击"确定"按钮，弹出"创建选项"对话框，选中"创建特征"单选按钮，单击"确定"按钮，选择"实体"→"加材料"→"拉伸"→"实体"→"完成"命令，系统进入"拉伸"对话框，进行工件的创建，结果如图 10-17 所示。

图 10-17　工件的创建

步骤 3. 选取"特征"→"型腔组件"→"模具"→"实体"→"切减材料"→"旋转"→"实体"→"完成"命令。单击"位置"→"定义"按钮，弹出"草绘"对话框，选取 MOLD_FRONT 为草绘平面，单击"确定"按钮，绘制如图 10-18d 所示图形，单击"确定"按钮完成操作。

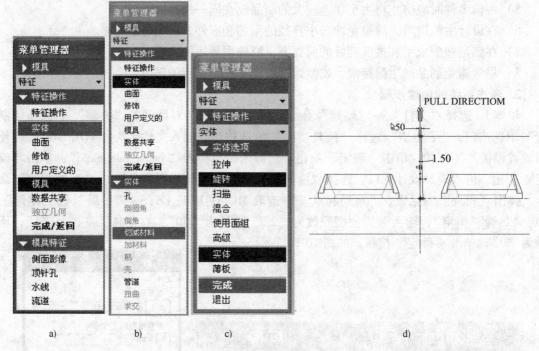

图 10-18　创建主流道操作步骤

步骤 4. 选取"特征"→"型腔组件"→"模具"→"流道"→"半倒圆角"命令，系统提示"流道直径"，输入直径为"5"，单击✓按钮，弹出"流道"菜单管理器，选取 MAIN_PARTING_PLN 后，选择"正向"→"缺省"命令，系统弹出"流道"对话框，创建分流道操作步骤如图 10-19 所示。绘制如图 10-20a 所示的草图，单击✓按钮，弹出"相交元件"对话框，选择"自动添加元件"对话框，单击"自动添加"→"确定"→"确定"→"完成/返回"按钮，结果如图 10-20 所示。

步骤 5. 选取"特征"→"型腔组件"→"模具"→"流道"→"梯形"命令，系统提示

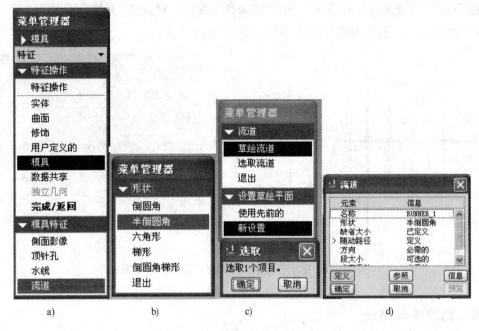

图 10-19 创建分流道操作步骤

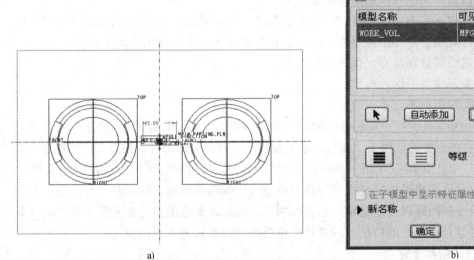

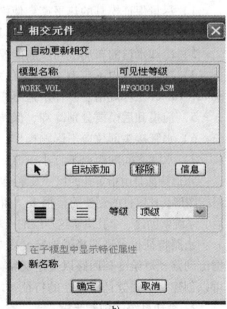

a)   b)

图 10-20 绘制分流道示意图

"输入流道宽度",输入宽度值为"2",单击 ✔ 按钮,系统继续提示输入"流道深度",输入流
道深度为"1.5",系统继续提示输入"流道的侧宽度",输入值为"0.5",单击 ✔ 按钮。系统继
续提示输入"流道的拐角半径"输入值为"10",单击 ✔ 按钮,弹出"流道"菜单管理器,选
取 MAIN_PARTING_PLN,再选择"正向"→"缺省"命令,绘制如图 10-21a 所示草图,单击

☑ 按钮，弹出"相交元件"对话框，选择"自动添加元件"对话框，单击"自动添加"→"确定"→"确定"→"完成/返回"按钮，结果如图 10-21b 所示。

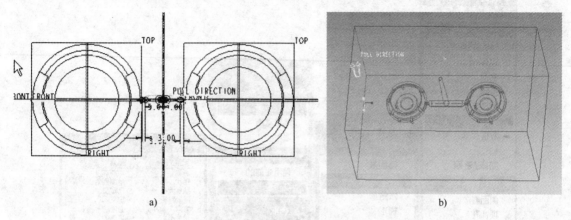

图 10-21　标注分流道尺寸和完成流道的示意图

10.2.8　创建冷却系统

1. 冷却系统的设计原则

1）尽量保证模具的热平衡，使模具各部位温度均匀。

2）冷却水道到胶位的距离通常为 10～18mm，太远则影响冷却效果，太近则影响模具强度。

3）冷却水道的布局应与塑胶的厚度相适应。

4）冷却水道内不应有太长的存水和回流部位，防止阻塞，水道的直径通常为 6mm，8mm，10mm 三种规格。冷却水道不应太长，太长时应分为几组，避免冷却不均匀。

5）前模和后模要分别冷却，保持冷却平衡。

6）水管接头部位应不影响操作。

7）水喉之间的距离不宜小于 30mm。

水道特征是由指定孔的尺寸及草绘完整的冷却回路来创建。冷却回路的创建就像一个简单的草绘图形，比零件的创建简单很多，而且在定义及修改上有较大的弹性。在冷却回路创建完成后，系统就创建一个孔沿着这草绘的冷却回路连接所有线段。这包括所有不通孔的钻入点及轴。

水路特征也允许选择性地定义冷却回路中草绘线段的端点状况。端点状况允许使用者根据流动路径草绘冷却回路以及定义钻入点当作端点状况。以最小的参考创建简单草绘的就是可以创建一个强健且富弹性的特征。端点状况包括延伸以及孔进入点的设定。

2. 冷却系统的创建步骤

利用上面创建的图形，继续水线的创建。选择"特征"→"型腔组件"→"模具"→"水线"命令，如图 10-22a 所示。系统弹出"水线"对话框，如图 10-22b 所示。系统提示输入水线圆环的直径，输入直径为"6"，单击 ☑ 按钮。选择"基准平面工具"命令，系统弹出"基准平面"对话框，选取工件的顶平面，输入偏移量为"15"，"方向"朝下，单击"缺省"按钮，绘制如图 10-22c 所示的图形，单击 ☑ 按钮，弹出"相交元件"对话框（图10-22d），单击"自动添加"按钮，选取"水线"对话框中的"末端条件"，单击"定义"

按钮，弹出"尺寸界线未端"菜单管理器，选取"选取未端"→"完成/返回"，按住〈Ctrl〉键分别选取 4 条水线的 8 个端点，如图 10-22e 所示。系统弹出"规定端部"菜单（图 10-22f），选取"通过 W/沉孔"→"完成/返回"命令，系统提示"输入沉孔直径"，输入值为"16"，单击 ✔ 按钮。系统接着提示输入沉孔深度，输入值为"10"，连续输入 8 次，完成水道的创建。结果如图 10-22g 所示。

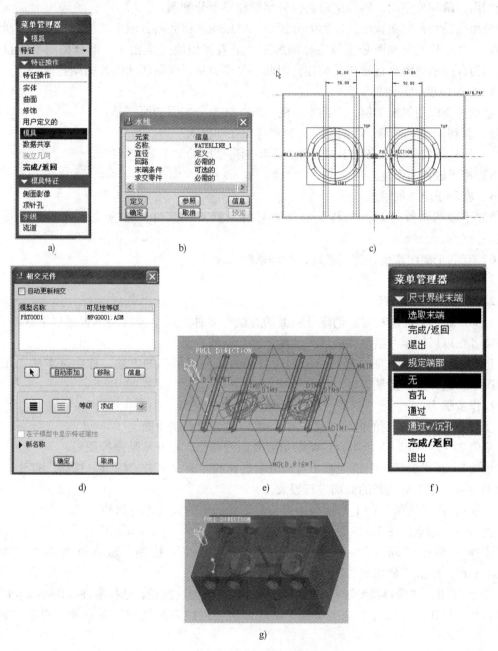

图 10-22 冷却系统的创建步骤

a)"水线"菜单管理器 b)"水线"对话框 c）绘制水线尺寸
d)"相交元件"对话框 e）沉孔的示意图 f)"规定端部"菜单管理器 g）完成后的三维效果图

10.2.9   创建模具分型面

模具设计开始的第一步，就是选择分型面的位置。分型面的选择受塑件形状、壁厚、成型方法、后处理工序、塑件外观、塑件尺寸精度、塑件脱模方法、模具类型、型腔数量、模具排气、嵌件、浇口位置与形式以及成型机的机构等影响。分型面有多种形式，常见的有水平分型面、阶梯分型面、斜分型面、锥分型面和异型分型面。

分型面是一种曲面特征，也称为分模面，可以用来将胚料分成上模型腔、型芯、滑块或者斜销。完成后的分型面必须与要分割的工件或者体积块完全相交，但分型面不能自身相交。因为合并的曲面会自动与其相连，因此，分型面是任何附属曲面片的副特征。

1. 分型面设计的原则

这里主要以塑料模为例，介绍本节的内容。选择分型面的原则是：

1）有利于塑件脱模，特别是开模时塑件留在动模的一边。

2）模具结构简单，有利于模具加工，特别是型腔的加工。

3）便于嵌件的安装。

4）有利于塑件的精度。

5）不影响塑件外观，尤其是对外观有特别要求的塑件，更应注意分型面对外观的影响。

6）有利于浇注系统，排气系统，冷却系统的设计。

7）设备利用合理。

2. 创建分型面的方法

在 Pro/E 中创建模具时，创建分型面的方法有多种。本小节将简单叙述以下这些方法，以备读者在以后的学习当中，能够灵活地选择合适的方法。

（1）曲面复制法　通过复制曲面创建分型面是使用最多的方法，称为基本法。在大多数情况下，这种方法是最直接、最方便的方法。

操作步骤为

步骤 1. 选取要复制的曲面，按〈Ctrl + C〉组合键复制曲面。

步骤 2. 按〈Ctrl + V〉组合键粘贴前面复制的曲面，打开粘贴操控面板。

步骤 3. 在"参照"上滑面板中可以查看选择的曲面，单击"细节"按钮，打开"曲面集"对话框，用于对选择的曲面进行设置。

步骤 4. 在"选项"的上滑面板中可对复制曲面中的破孔进行修补。

例 10-1　创建如图 10-23 所示模具零件，其文件名为"Bottom. prt"。

步骤 1. 单击"新建"→"制造"→"模具型腔"按钮，输入文件名为"Mold＿Bottom. prt"，单击"使用缺省"，进入组装窗口。

步骤 2. 单击"模具模型"→"装配"→"参照模型"按钮，选择零件"Bottom. prt"，单击"打开"按钮，装入三个基准平面，系统弹出"创建参照模型"对话框，单击"确定"按钮。

步骤 3. 单击"创建"→"工件"→"手动"按钮，输入工件名为"workpices"，系统弹出"创建选项"对话框，单击"确定"按钮。选择"实体"→"加材料"→"拉伸"→"实体"→"完成"命令。弹出"拉伸选项"对话框，创建的工件如图 10-24 所示。

图 10-23　模具零件

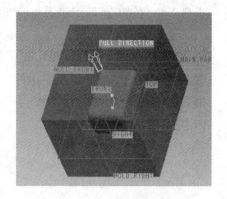

图 10-24　创建的工件

步骤 4. 单击工具栏"分型曲面工具"图标□，隐藏零件 workpices，任意选择产品的一个外表面，再按住〈Ctrl〉键，选取产品的所有外表面。单击"复制"→"粘贴"按钮，弹出"复制元件"对话框，单击"确定"按钮，复制分型面结果如图 10-25 所示，打开隐藏 work-pices。

步骤 5. 选取曲线的任意一条边，选择"编辑"→"延伸"→"参照"→"细节"命令，按住〈Ctrl〉键选取需要的边，单击"确定"按钮，单击"将曲面延伸到参照平面"按钮□，选取图 10-26 所示工件的面，单击"确定"按钮。

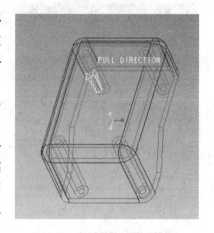

图 10-25　复制分型面结果

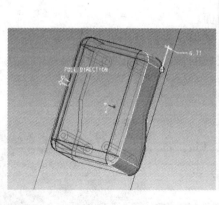
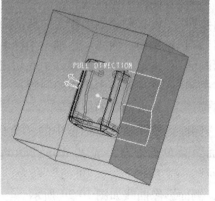

图 10-26　选择工件的面

步骤 6. 同样操作，完成所有边的延伸，如图 10-27 所示，单击"确定"按钮，完成分型面的创建。

（2）裙边影线法　在进行模具设计时，对于大部分的壳体类产品，通常可以使用裙边法来作分型面。这样不仅易分模而且作出来的分型面比较漂亮。特别适合于，当产品的外形不规则，难以确定分型面的位置时，这时按照分型面的设计原则，使用侧面影像曲线功能能得到最大轮廓线，再使用裙边曲面功能将最大轮廓线向四周延伸，从而得到完整分型面。

操作步骤为

1）创建侧面影像曲线。在"模具"菜单管理器中选取用"特征"命令，在"模具模型类型"菜单中选择"型腔组件"→"侧面影像"命令。或单击工具栏中的 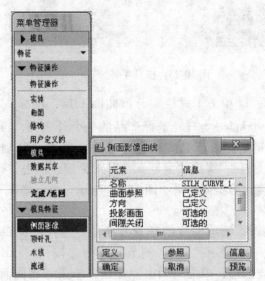 按钮，弹出"侧面影像曲线"对话框，"侧面影像"菜单管理器和"侧面影像曲线"对话框如图 10-28 所示。

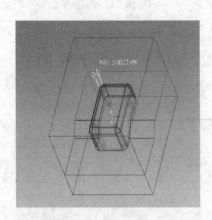

图 10-27　完成所有边的延伸　　图 10-28　侧面影像"菜单管理器"和"侧面影像曲线"对话框

可以设置如下选项。

"名称"：设置侧面影像曲线名称。

"曲面参照"：设置创建侧面影像曲线的曲面。

"方向"：选取平面、曲线、边轴、坐标系来指定光的投影方向。

"投影画面"：指定处理参照零件中底切区域的体积块和元件。

"间隙关闭"：处理侧面影像中的间隙。

"环路选择"：选取需要的链或环。

双击"侧面影像曲线"对话框中的"方向"，系统弹出"平面"菜单管理器，选取 Main_Parting_Pln，再选择"方向"→"反向"→"正向"命令，单击"确定"按钮，侧面影像曲线如图 10-29 所示。

2）创建裙边曲面。单击 ▭→▭ 按钮，通过填充回路和扩展边界产生曲面，系统弹出"裙边曲面"对话框，在"链"菜单管理器中选择"特征曲线"，选取前面创建的侧面影像曲线，选择"完成"命令，单击 ☑ 按钮，如图 10-30 所示完成曲面创建的设置。

3）模具体积块分模。模具体积块是一个占有体积

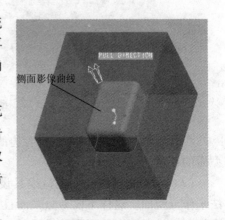

图 10-29　侧面影像曲线

但没有质量的封闭三维特征，它是模具组件特征而且可以抽取形成实体零件。

图 10-30　完成曲面创建的设置

到当前为止所创建的体积块都是由分割操作而来，然而还有其他的方法可用来创建体积块，而且可直接创建。在直接创建体积块时可以参考设计模型，从已存在的体积块草绘增加或减去体积块，使体积块与参考模型相交，设定模具体积块的拔模角等。

可以两种不同的基本方法来创建模具体积块，其一是聚合该体积块，另一个是经由草绘创建体积块，这个方法可以分开也可以组合在一起以创建需要的模个体积块。

操作步骤：

单击 按钮或选取"插入"→"模具几何"→"模具体积块"命令，单击 按钮，系统弹出"拉伸"对话框（以下操作同拉伸命令操作一致），绘制如图 10-31b 所示的图形，结果如图 10-31c 所示。

选择"编辑"→"收集体积块"→"聚合体积块"→"聚合步骤"→"选取"→"封闭"→"完成"命令，如图 10-32a 所示。再选择"曲面边界"→"完成"命令，如图 10-32b 所示。系统提示选取种子面，选取图形内腔底部，选择"边界曲面"→"增加"命令，选取图形的底框，如图 10-32c 所示的阴影部分。选择"完成参考"→"完成"命令后，在如图 10-32d 中选择"定义"→"顶平面"→"全部环"→"完成"命令。选取模坯底平面盖住模具体积块，再选择"顶平面"→"选取环"命令选择"完成返回"命令。再选取模坯底平面，选择"完成返回"命令。单击 按钮。隐藏工件和参照零件，创建的模具体积块如图 10-32e 所示。

4）模具开模。在 Pro/ENGINEER Wildfire 4.0 的模具模式中，可以模拟模具的开模过程，从而检查设计的适用性。在进行模具开模时，除去参照模型、工件或者模块之外，可以指定组件的任何成员进行移动。

若要进行模具开模，可以单击工具栏中的相关按钮，或者选择"模具"菜单管理器中的"模具进料孔"命令，系统弹出"模具孔"菜单，通过在菜单中选择"定义间距"→"定义移动"命令，并选择要移动的模具对象及指定偏移的距离，即可进行模具开模。模具开模过程涉及一些步骤，每一步都含有一个或多个移动。移动是移动一个或多个对象的指令，可以在指定的方向上将这些对象偏移指定的距离。

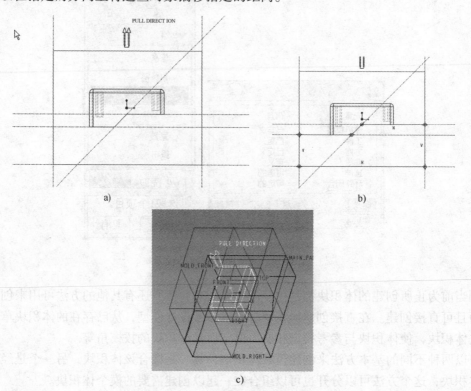

图 10-31　初步创建的体积块

a）选取参照线　b）绘制体积块　c）初步完成的体积块

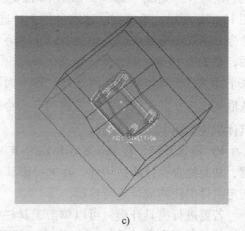

图 10-32　体积块的创建步骤

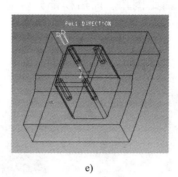

d)   e)

图 10-32　体积块的创建步骤（续）

在本节介绍的分割模具工具，其实操作起来是很简单的，其中关键的是前面的模具体积块的分割，只要分割体积块不出现错误，那么后面的创建模具工件、铸模及模具开口就没有问题了。这些操作在后面创建实例的过程中，用户会逐渐掌握具体的操作方法，这里就不再举例说明了。

10.2.10　模具检测

在设计模具前，需要对制品进行分析和检测，例如，拔模斜度检测、厚度检测、制品投影面积和分型面检查等，以提前发现模具设计过程中的错误，从而提高模具设计的效率，减少设计过程中的错误率。

1. 拔模斜度检测

使用拔模斜度检测可以确定制品是否被适当拔模，以使塑件能够干净彻底地取出。拔模斜度检测基于用户定义的拔模角度拖动方向（模具或者凹模方向）。为了确定所选制品的曲面是否经过拔模修改，系统会检测垂直与制品曲面的平面和拖动方向间的角度。

使用 Pro/E 进行模具设计之前，必须利用系统提供的分析功能对参照零件进行拔模斜度检测，以确保参照零件的脱模斜度符合要求，使塑件顺利脱模。要进行拔模斜度检测，可以选择"分析"→"模具分析"命令，在弹出的"模具分析"对话框中设置检测的参数值。

铸模的过程要求模型的表面具有拔模斜度，这样便于零件取出。拔模斜度一般应当在开始设计模具之前将它增加到设计模型中，也可以在模具模式中将它增加到参照模型中，这样不会影响设计模型，下面将具体说明在模具设计中如何进行拔模斜度检测。

使用拔模检测将使用户了解在模型曲面上的所有拔模角，一个垂直于模具拖拉方向的平面参考将被选取或创建，沿着这个平面输入一个检测角度。一侧或两侧的选取将有助于决定哪个方向的拔模角将被测量，假如两侧被选取，拔模角将以正到负范围来表示，所有具有或大于指定角度的曲面将以蓝色或紫色表示，其他没有符合拔模角度的曲面将以不同的颜色表示。以音箱后壳为例进行拔模斜度的检测。

音箱后壳的外形如图10-33a所示，选择"分析"→"几何"→"拔模检测"命令，系统弹出的"斜度"对话框，如图10-33b所示。右击，弹出"从列表中拾取"，选择实体零件，单击"确定"按钮。单击对话框中"方向"，选取FRONT基准平面为拔模的方向平面。单击 ⊥ 按钮，输入拔模角为"3"，弹出"颜色比例"对话框（图10-33c），红色表示拔模角为3°，蓝色为0°或者是倒扣。而后模部分若为蓝色，表示没有倒扣，符合模具出模的要求（图10-33d）。

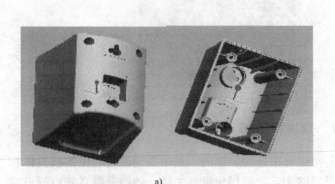

a)

b)

c)

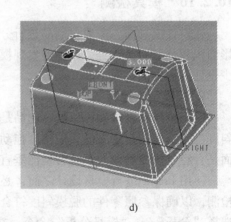

d)

图10-33　拔模斜度检测

a）音箱后壳的外形　b）"斜度"对话框　c）拔模斜度检测颜色比例　d）斜度检测示意图

2. 厚度检测

通过厚度检测可以检查指定区域的厚度值是否大于还是小于指定的厚度值。从面可以避免产品在成型过程中出现成型缺陷，设计者通过检查可以知道是否能满足设计要求。下面继续以音箱后壳为例来说明厚度检测的方法。

选择"分析"→"模型"→"厚度"命令，系统弹出"厚度"对话框（图10-34a），选取选择项目，选取FRONT平面，输入最大值为"3"最小值为"2.5"，单击 ∞ 按钮，厚度检测示意图如图 10-34b 所示。

a)

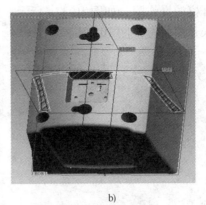
b)

图 10-34　厚度检测

a)"厚度"对话框　b)厚度检测示意图

3. 投影面积检测

仍然以音箱后壳为例来计算投影面积。

步骤 1. 选择"分析"→"测量"→"区域"命令，系统弹出"区域"对话框，单击"选取项目"，选择模型几何，单击"方向"选取 TOP 平面，"区域"的设置如图 10-35 所示。

步骤 2. 在菜单管理器中选择"模具进料孔"→"定义间距"→"定义移动"命令，开模操作步骤图如图 10-36 所示。系统弹出"选取"对话框，在绘图区选择前模镶件和两根斜导柱，单击"确定"按钮，然后在绘图区选取 MAIN_PARTING_PLN 作为基准平面，将其法向作为前模的移动方向。

图 10-35　"区域"的设置

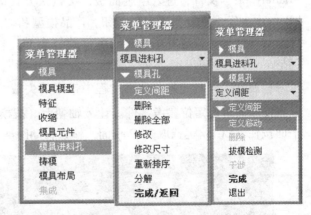

图 10-36　开模操作步骤图

系统在图形的下方提示输入移动的距离，输入移动的距离为 100，单击"确定"，回到菜单管理器对话框，单击"完成"命令。

步骤 3. 同样的操作，再次选取"模具进料孔"→"定义间距"→"定义移动"→"选取"命令，在绘图区选择滑块，单击"确定"按钮，选取沿滑块移动方向的任意一条直线为滑动方向，单击"确定"按钮，输入移动的距离为"50"，单击"确定"按钮，回到菜单管理器对话框，单击"完成"命令。

步骤 4. 同样的步骤完成后模的移动。选择"视图"→"分解"→"分解视图"命令，绘图区将显示开模的爆炸图，如图 10-37a 所示。选择"视图"→"分解"命令，取消分解视图，恢复到未开模状态（图 10-37b）。

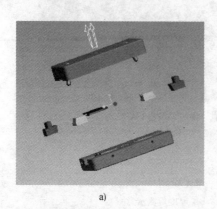 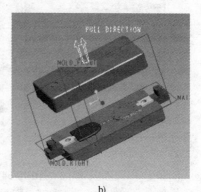

a)   b)

图 10-37 开模示意图

如果要重新设置移动的距离，则选择"模具进料孔"→"删除全部"命令。系统在下方提示"确认删除所有步骤及模具开模的分解状况"，单击"是"按钮，图形回到未设置移动的状态。

例 10-2 手机电池盖操作实例。

1）新建一个工作目录，名称为"BATTERY"，新建组件，输入文件名为"Battery_proe"，不选中缺省模板，选择模板为"mmns_asm_design"，单击右侧工具栏 🖳 按钮，选取"Battery. prt"文件，进入组装面板，按默认方式进行组装。创建一个零件，建立文件名为"Battery_ref"，单击"确定"按钮，产品模型和"元件创建"对话框如图 10-38 所示。对零件进行预处理，构建方式是双击零件的外表面，右键选取"实体曲面"，单击"复制"→"粘贴"命令，再单击"√"按钮。选择"编辑"→"实体化"，单击"√"按钮。使其继承一些属性，同时能避免分模过程中带来的失败。单击"坐标系"按钮 ⊿×，建立坐标系，以方便以后进行定位参考零件。让 Z 轴朝上（拨模方向）选取 RIGHT 作为 X 轴方向，选取平面按住〈Ctrl〉键选取 TOP 平面，输入移动距离为-17，再按住〈Ctrl〉键选取分型面，选

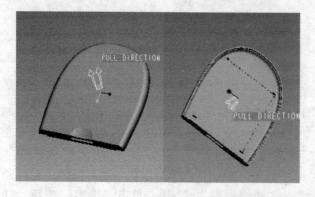 

图 10-38 产品模型和"元件创建"对话框

取"定向"将 Y 轴"反向",单击"确定"按钮。新建立的为 CSO 坐标。保存,将零件关闭。

2)选择"新建"→"制造"→"模具型腔"命令,输入名字为"Battery",选择模板为"mmns_mfg_mold",单击 按钮,再选取刚才处理过的 Battery_ref,单击"确定"按钮,系统弹出"创建参照模型"对话框,单击"确定"按钮。设置"参照模型的起点与定向",系统弹出"Battery"参照模型,选取坐标系 CSO,选取"MOLD_DEF_CSYS""布局"对话框,如图 10-39 所示,单击"确定"→"完成返回"按钮,完成操作。

3)设置收缩率。

单击 ,系统弹出如图 10-40 所示对话框,选取坐标系 CSO,输入 0.005 的收缩率,单击"确定"按钮。

图 10-39　"布局"对话框

图 10-40　设置收缩率

单击 按钮,弹出如图 10-41 所示对话框,选取坐标系"MOLD_DEF_CSYS",在"整体尺寸"中输入 X 为"100",Y 为"110",+Z 型腔为"35",−Z 型芯为"30",Z 整体为"65","平移工件"框中 X 方向为"0",Y 方向为"−10",创建的工件如图 10-42 所示。

4)体积块的创建。单击→ → "放置"→"定义"按钮,选取电池盖的端面为绘图平面,单击"草绘"→"参照"按钮选取"Mold_Right,Maun_part_pln"为参照平面,单击"关闭"按钮,绘制如图 10-43 所示图形,单击 ,输入深度值为"5"。单击 按钮。对长方体块的两侧进行拔模角为 1°的拔模,结果如图 10-44 所示。单击 "放置"→"定义"→"使用先前的"按钮,选取 TOP,RIGHT 平面为参照平面,选取边线,如图 10-44 所示,单击 按钮,用同样的方法构建滑块的滑动部分,如图 10-45 所示。

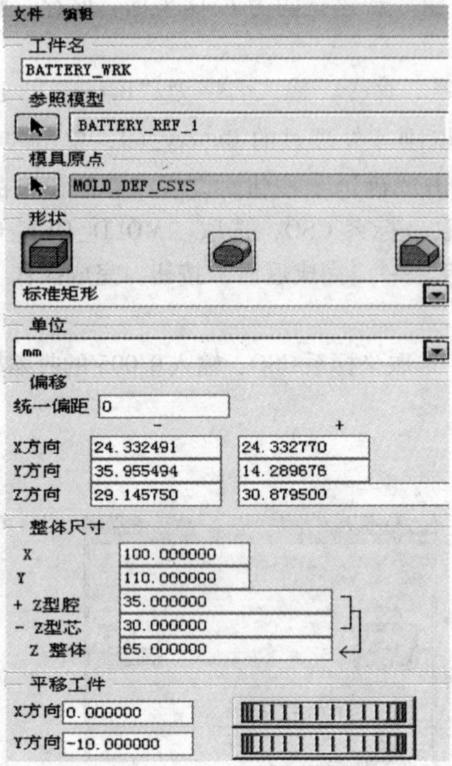

文件　编辑

工件名
BATTERY_WRK

参照模型
▶　BATTERY_REF_1

模具原点
▶　MOLD_DEF_CSYS

形状

标准矩形

单位
mm

偏移
统一偏距　0

	-	+
X方向	24.332491	24.332770
Y方向	35.955494	14.289676
Z方向	29.145750	30.879500

整体尺寸

X	100.000000
Y	110.000000
+ Z型腔	35.000000
- Z型芯	30.000000
Z 整体	65.000000

平移工件

X方向	0.000000
Y方向	-10.000000

图 10-41　自动创建工件

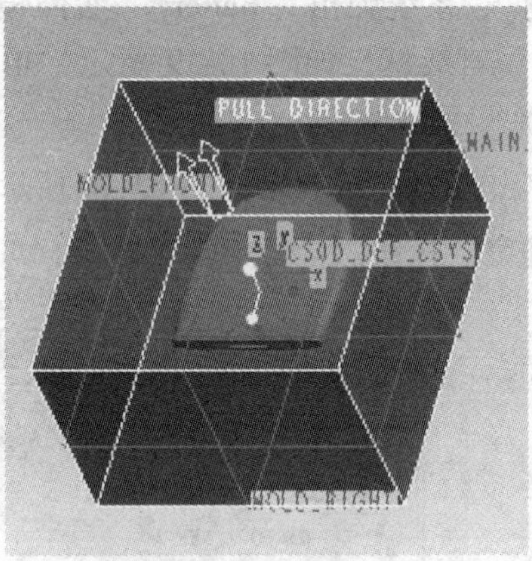

图 10-42　创建的工件

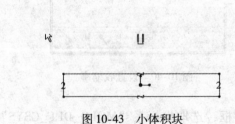

图 10-43　小体积块

图 10-44　创建的滑块小体积块

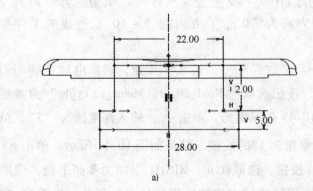

a)

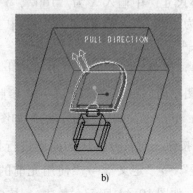

b)

图 10-45　体积块的创建

a) 滑块体积块　b) 体积块示意图

创建斜导柱分割面组，单击 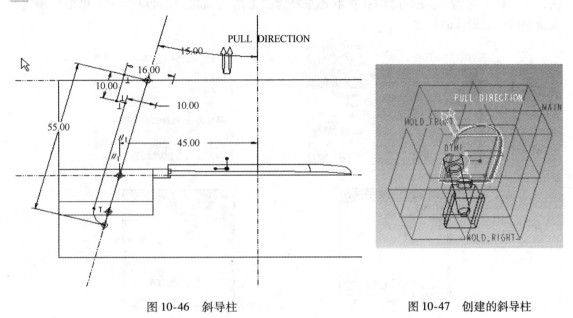 → "放置" → "定义" 按钮，选取 RIGHT 平面为绘图平面，选取 "main_part_pln" 为顶部参照平面，进行草绘，如图 10-46 所示，单击 ✔ 按钮，结果如图 10-47 所示。至此已完成体积块的创建。

图 10-46　斜导柱　　　　　　　　　　　　　　　图 10-47　创建的斜导柱

5）分型面的创建。首先将体积块遮蔽起来，单击 按钮，系统弹出如图 10-48 所示对话框，单击 "体积块" → → "遮蔽" → "关闭" 按钮。

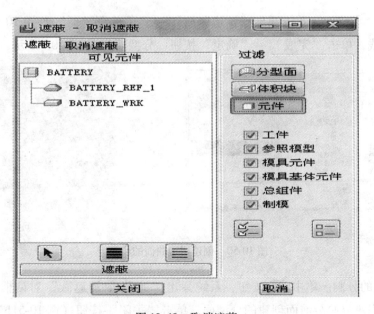

图 10-48　取消遮蔽

用侧面影像和裙边分模来完成分型面的制作。单击 按钮，系统弹出如图 10-49a 所示

"侧面影像曲线"对话框,双击"方向",弹出"选取方向"菜单管理器,选取"main_part _pln",方向朝上。单击按钮"侧面影像曲线"对话框中的"环路选择"(图10-49b)单击"定义"按钮,弹出"环选取"对话框(图10-49c)单击编号为2的环,单击"排除"按钮,在"链"标签下,编号为1-1的状态选择为"上部",如图10-49d所示。单击"确定"按钮完成侧面影像的创建。

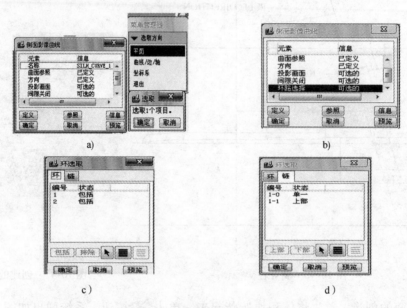

a)

b)

c)

d)

图 10-49 创建侧面影像的步骤

a)"侧面影像曲线"对话框 b)选择环路曲线 c)"环选取"对话框 d)"链"的设置

单击 ▭→☁ 按钮,系统弹出"裙边曲面"→"菜单管理器"如图10-50所示,选取完成的裙边曲线,单击"完成"→"确定"按钮,分型面如图10-50b所示。

a)

b)

图 10-50 创建裙边曲面的步骤

6)体积块的分割。单击 ▨ 按钮,系统弹出"遮蔽-取消遮蔽"对话框(图10-51a),打开遮蔽的体积块,遮蔽前面创建的分型面,单击"关闭"按钮(图10-51b)。

单击 ▱ 按钮,系统弹出"分割体积块"菜单管理器,选择"两个体积块"→"所有工件"→"完成"命令(图10-51c),弹出"分割"对话框(图10-51d),单击"完成"按

钮，选取斜导柱，单击 2 次"确定"按钮，系统弹出"属性"对话框，输入镶件的名称为
"temp"，单击"确定"按钮（图 10-51e），系统再弹出"属性"对话框，输入镶件的名称
为"MOLD_pin"（图 10-51f），单击"确定"按钮，单击 按钮，弹出"分割体积块"的
菜单管理器，选择"两个体积块"→"模具体积块"→"完成"按钮，弹出"搜索工具"
菜单（图 10-51g），"面组 F15（temp）"，单击 > > →"关闭"按钮，选取滑块体积块，
单击"确定"按钮，系统弹出"属性"对话框，输入"temp_1"，单击"确定"按钮，系
统再弹出"属性"对话框，输入"sb_02"，这时零件被三个体积块分割。

单击 按钮，弹出"分割体积块"的菜单管理器，选择"两个体积块"→"模具体积
块"→"完成"命令，弹出"搜索工具"菜单，选取"temp_1"，单击 > > →"关闭"
按钮，选取前面创建的分型面，单击 2 次"确定"按钮。系统弹出"属性"对话框，输入
后模镶件的名称为"MOLD_core"（图 10-51h），单击"确定"按钮，输入前模镶件的名称
为"MOLD_cavity"（图 10-51i），单击"确定"按钮。

a)

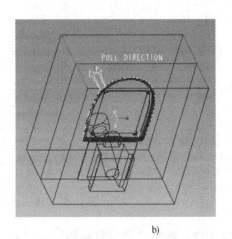

b)

c)

d)

图 10-51 体积块的分割

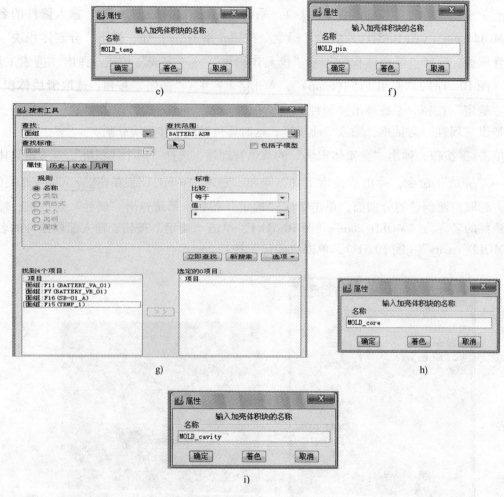

图 10-51 体积块的分割（续）

7）抽取元件。选择"菜单管理器"→"模具元件"→"抽取"命令，选取"MOLD_cavity"，"MOLD_core"，"MOLD_pin"，"MOLD_sb"，抽取元件（图 10-52），单击 按钮，选取分型面和体积块，将其隐藏起来。

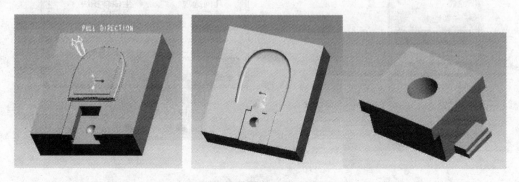

图 10-52 抽取元件

8）铸模。选择"菜单管理器"→"铸模"→"创建"命令，输入铸模名称为"battery _plastics"，单击 ✓ 按钮。

9）构建前模的一模二穴。单击"文件"→"打开"按钮，选取 BATTERY. ASM，单击左工具栏"设置"按钮（图 10-53a），弹出如图 10-53b 所示的下拉菜单，选择"树过滤器"，系统弹出"模型树项目"对话框（图 10-53c），单击"特征"→"应用"→"确定"按钮。

新建坐标系，单击 ⋇× 按钮，选择"mold_def_csys"，系统弹出"坐标系"对话框（图 10-53d），在 Y 文本框中，输入"45"，单击"确定"按钮，得到新的坐标系，如图 10-53e 所示（坐标系的作用是实现一模二穴和装配时的参照基准）。

分别遮蔽后模镶件，滑块，斜导柱，选取前模镶件，右键，系统弹出如图 10-53f 所示菜单，选取"激活"命令，激活前模镶件，单击 🖱 按钮，弹出"倒圆角"对话框，选取如图 10-53g 所示边线，输入半径值为"8"，单击 ✓ 按钮。单击工具栏的 🖱 按钮，选取如图 10-53h 所示的边线，输入倒角值为"2"，单击"✓"按钮。

选取如图 10-53i，所示的部分，单击 📋→📋 按钮，再单击 ✓ 按钮。选取如图 10-53j 所示的斜导柱孔顶部的箭头所指部分。选择"编辑"→"偏移"命令，单击 📑 按钮，结果如图 10-53k 所示。

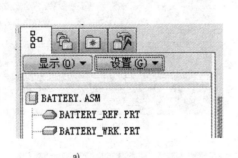

a)

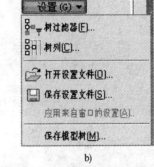

b)

c)

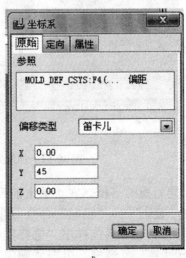

d)

图 10-53　抽取元件替换曲面的步骤

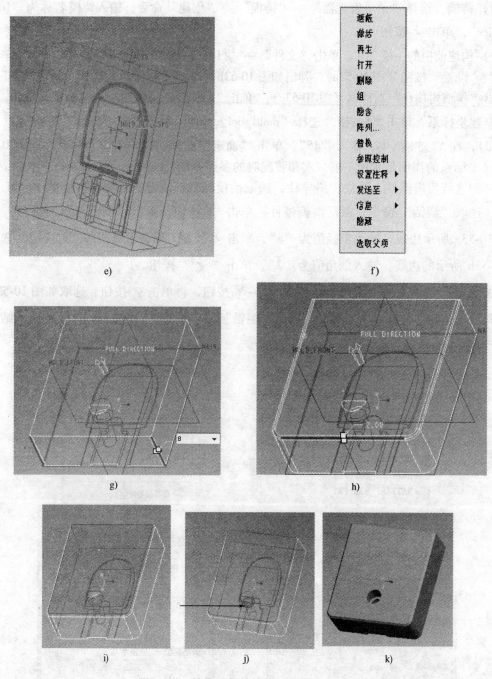

图 10-53　抽取元件替换曲面的步骤（续）

10）创建后模的一模二穴。单击前模镶件任何一个外表面，右键，选择"实体曲面"命令，选择"复制"→"粘贴"命令，选择"过滤器"中刚创建的面组，单击"复制"→"选择性粘贴"按钮，系统弹出"选择性粘贴"对话框如图 10-54a 所示。选择"对副本应用移动/旋转变换"复选框，单击"确定"按钮，系统弹出如图 10-54b 所示对话框，单击"旋转"按钮 ，单击"选取一个项目"，选择坐标系的 Z 轴。输入角度为 180°，单击 ✓

按钮，结果如图 10-54c 所示。选择"编辑"→"实体化"命令，将它重新变为实体如图 10-54d 所示。

　　创建后模镶件。隐藏刚才创建的前模镶件，激活后模镶件，重复前面创建前模镶件的动作，完成后模镶件的创建，结果如图 10-54e 所示。

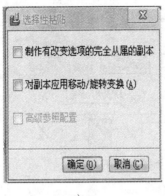

a)

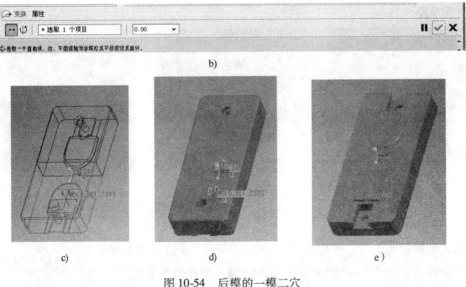

c)　　　　　　　　　d)　　　　　　　　　e)

图 10-54　后模的一模二穴

　　11）为防止斜导柱与后模镶件发生干涉，在滑块槽中加工一个直径为 12，深度为 6 的孔。操作步骤如为：单击 按钮，系统弹出"拉伸"特征操作面板，单击 →"放置"→"定义"按钮，如图 10-55a 所示。选取滑块表面为绘图平面，单击"草绘"按钮，绘制如图 10-55b 所示的图形。

　　12）对滑块进行完善工作。遮蔽后模镶件，激活滑块，观察滑块底部，有一小台阶，选取滑块底面，如图 10-56a 所示。选择"复制"→"粘贴"命令，单击 按钮，选取滑块底部的小台阶面，如图 10-56b 所示，选择"编辑"→"偏移"→"替换曲面特征"命令，选取底部的红色面，单击 按钮，结果如图 10-56c 所示。

　　选取斜导柱孔内表面，选择"编辑"→"偏移"→"标准偏移特征"命令或单击

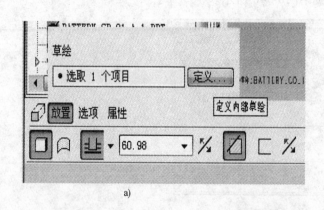

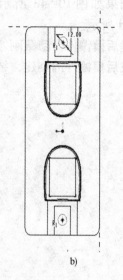

a)

b)

图 10-55　滑动曲面

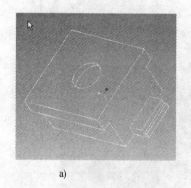

a)

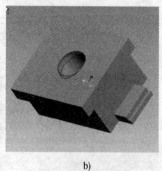

b)

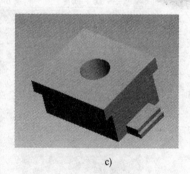

c)

图 10-56　选择滑块曲面

按钮，输入偏移值为 0.5，改变方向，单击 "✓" 按钮。接下来倒圆角，选择 "创建" → "倒圆角" 命令，输入半径值为 1.0，如图 10-57 所示。

13）加工锁紧块斜面。单击 🗗 按钮，系统弹出 "拉伸" 特征操作面板，单击 ◿ → "放置" → "定义" 按钮，选取滑块表面为绘图平面，单击 "草绘" 按钮，绘制如图 10-58a 所示的图形，结果如图 10-58b 所示。

图 10-57　斜导柱孔倒圆角

斜销后模镶件的遮蔽，如图 10-59 所示，激活滑块，选取滑块表面右击，选择 "实体曲面" 命令，单击 🗎 → 🗎 按钮，选取刚创建的面组，选择 "复选框" → "选择性粘贴" 命令，弹出 "选择性粘贴" 对话框选取 "对副本应用移动/旋转变换" 复选框，单击 "确定" 按钮，弹出图 10-54b 所示对话框，单击 "旋转" 按钮 ↺ ，单击 "选取一个项目"，选择坐标系的 Z 轴。输入角度为 180°，单击 ✓

按钮结果如图 10-58b 所示（紫色部分）。选择"编辑"→"实体化"命令，将它重新变为实体如图 10-58c 所示。用同样的方法作出另一只导柱，结果如图 10-58d 所示。

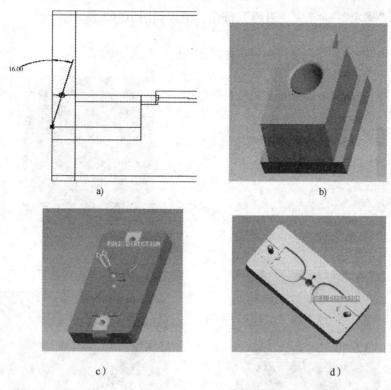

图 10-58　创建锁紧块斜面

14）创建锁紧块。单击 按钮，系统弹出"元件创建"对话框，单击"零件"→"实体"单选按钮，输入零件名为 Sb-1，单击"确定"按钮。单击 按钮，弹出拉伸特征操作面板，单击"放置"→"定义"按钮，选取草绘平面，单击"草绘"按钮，绘制如图 10-60a 所示的图形，单击 按钮输入深度值为 22，单击 按钮，如图 10-60b 所示。用同样的方法创建另一个锁紧块，结果如图 10-60c 所示。

顶出系统和冷却系统的设计在 EMX 5.0 中完成更为简便，在这里不再叙述。

完成后的前后模镶件如图 10-60d 所示。

例 10-3　音箱后壳的模具设计。

BOTTOM. PRT 零件如图 10-61 所示。其模具设计的操作步骤如下。

图 10-59　选择性粘贴

1）单击"文件"→"设置工作目录"按钮，选取"BOTTOM. PRT"文件后，单击"确定"按钮，单击"新建"→"制造"→"模具型腔"按钮，输入文件名为 Bottom_proe，缺省模板复选框不打钩，选择单位为 mmns_asm_design，单击"确定"→"确定"按钮。

单击"模具模型"→"装配"→"参照模型"按钮，选取"BOTTOM.PRT"文件，系统进入组装面板，选取三个基准平面进行组装，单击 ✓ 按钮，系统弹出创建"参照模型"对话框，单击"确定"→"完成返回"按钮，结果如图 10-62 所示。

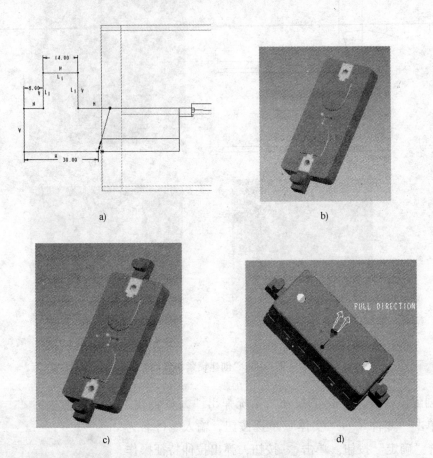

图 10-60　完成两个锁紧块后的效果

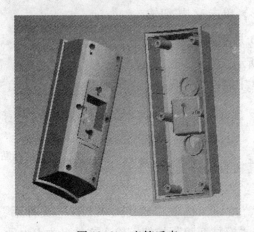

图 10-61　音箱后壳

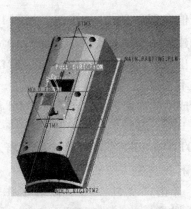

图 10-62　组装结果

单击"模具模型"→"工件"→"创建"→"手动"按钮，输入工件名称为 WRK_
BOTTOM，单击"创建特征"→"确定"→"实体"→"加材料"→"拉伸"→"实体"
→"完成"按钮，系统进入"拉伸"操控面板。单击"放置"→"定义"按钮，系统弹出
"草绘"对话框，选取 Mold_Front_Pln 为绘图平面，单击"确定"按钮，弹出"参照"对话
框，选取 Mold_Front_Pln 和 Mold_Top 为参照平面，绘制如图 10-63a 所示图形，单击 ⊟ 按
钮双向成长，输入第一侧尺寸为 80，第二侧尺寸为 60，单击 ✔ →"完成返回"按钮。结果
如图 10-63b 所示。

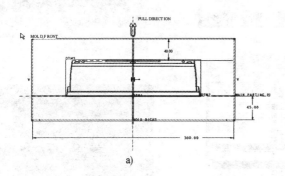
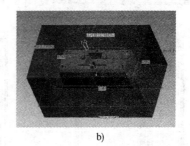

a)　　　　　　　　　　　　　　　　　b)

图 10-63　创建工件

a）草绘工件　b）拉伸结果

2）设置收缩率。单击 ⬯ 按钮，选取坐标系 CS0，输入 0.005 的收缩率，单击"确定"
按钮。

单击 ⬭ 按钮，系统弹出"侧面影像曲线"菜单，双击"方向"，系统弹出"选取
方向"菜单，选取 main_part_pln，方向朝上，弹出"侧面影像曲线"对话框，如
图 10-64a 所示，双击"环路选择"，系统弹出"环选取"对话框如图 10-64b 所示，模
型显示如图 10-64c 红色部分线条，选取"环"标签，选取编号为"4"，"5""11"
"12"，单击"排除"按钮（图 10-64d），选取"链"标签，选取编号为"8-1"，"10-
1"，"13-1"，"14-1"，选择"下部"按钮（图 10-64e），单击"确定"→"确定"按
钮，影像曲线如图 10-64f 所示（红色部分线条）。单击"确定"→"确定"按钮完成
侧面影像的创建。

3）单击 ⬛ → ⬭ 按钮，系统弹出"裙边曲面"对话框（图 10-65a），选择"菜单管
理器"中的"特征曲线"命令，选取完成的裙边曲线，单击"完成"→"确定"→"✔"
按钮，创建的曲面如图 10-65b 所示（粉红色部分）。

单击 ⬛ 按钮，系统弹出"分割体积块"的菜单管理器，选择"两个体积块"→"所有
工件"命令，单击"完成"按钮，系统弹出"分割"对话框（图 10-66a），选取前面完成
的分型面，弹出"岛列表"对话框（图 10-66b），单击"岛 1"→"完成选取"→"确定"
按钮，输入后模的镶件名为 Mold_Core，选取"着色"命令，如图 10-67a 所示，单击"确
定"按钮，输入前模的镶件名为 Mold_Cavity，选取"着色"命令，如图 10-67b 所示，单击
"确定"按钮。

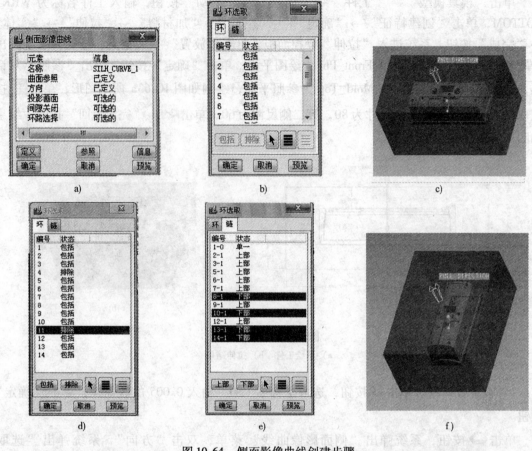

图 10-64　侧面影像曲线创建步骤

图 10-65　裙边曲面的创建步骤

4) 单击 ▱ 按钮, 系统弹出"基准平面"对话框, 建立如图 10-68a 所示的两个基准平面, 单击 ⊕ 按钮, 再单击"位置"→"定义"→"草绘"按钮, 绘图 10-68b 所示图形, 单击 ✔→✔ 按钮 (图 10-68c), 同样方法绘制其他的 5 只镶针, 如图 10-68d 所示。

5) 单击 ▤ 按钮, 系统弹出"分割体积块"的菜单管理器, 单击"两个体积块"→"所有工件"→"完成"按钮。选取 6 个镶针, 系统弹出"岛列表", 单击"岛 1"→"完成选取"→"确定"按钮。系统弹出"输入体积块名称"对话框，输入名称为 temp1，单击"确定"按钮，系统再次弹出"输入体积块名称"对话框，输入名称为 PIN。

a)

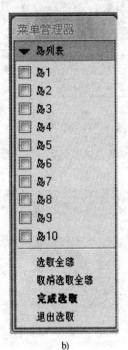

b)

图 10-66 "分割"对话框和"岛列表"菜单管理器

a)

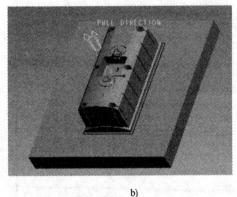

b)

图 10-67 前、后模示意图

a）前模 b）后模

6）单击 ☷ 按钮，单击"两个体积块"→"模具体积块"→"完成"按钮，系统弹出"搜索工具"对话框（图 10-69a），选取"temp1"单击 ＞＞ → "关闭"按钮。

选取前面完成的主分型面，单击"确定"→"确定"按钮，系统弹出"输入加亮体积块名称"对话框，输入名称为 CORE（图 10-69b），单击"确定"按钮，系统弹出"输入加亮体积块名称"对话框，输入名称为 CAVITY（图 10-69c），单击"确定"（图 10-69d）。切割分型面后的图形如图 10-69e 所示。

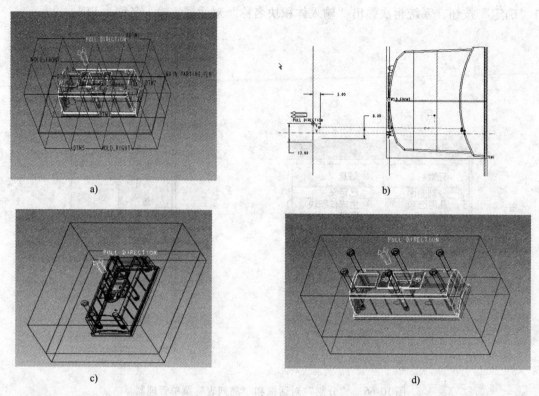

图 10-68　一个镶块的创建步骤

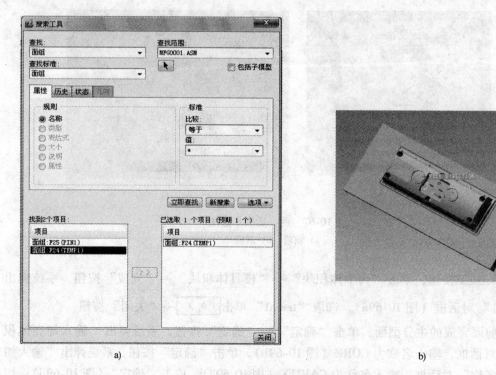

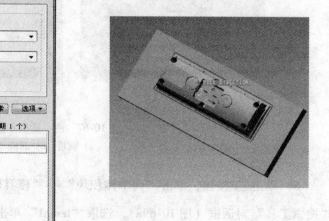

图 10-69　切割分型面的创建步骤

c)

d)

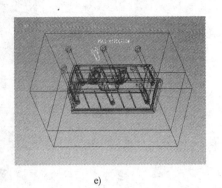
e)

图 10-69 切割分型面的创建步骤（续）

7）单击"模具元件"→"抽取"按钮，系统弹出"创建模具元件"对话框（图 10-70），选取"CAVITY，CORE，PIN1，"后单击"确定"按钮。

8）单击 按钮，系统弹出"遮蔽_取消遮蔽"对话框（图 10-71），选取"MFG001_REF 和 Work_Piecs"，单击"遮蔽"按钮，选取"分型面"，单击 →"遮蔽"→"确定"按钮（图 10-72）。

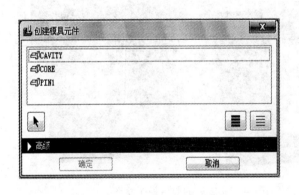

图 10-70 "创建模具元件"对话框

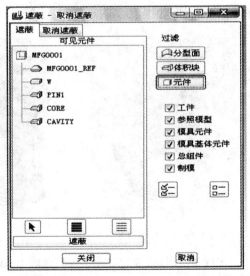

图 10-71 "遮蔽-取消遮蔽"对话框

单击"铸模"→"创建"按钮，系统这时要求输入铸模件的名称，则输入名称为 Plastics，单击 按钮，完成铸模的创建。

9）选择"模具进料孔"→"定义间距"→"定义移动"命令，选取前模镶件，单击"确定"按钮，选取前模的模具表面，单击"确定"按钮，系统指示"输入沿指定方向的位移"，则输入数值为 200，单击 按钮。

选择"定义移动"命令，选取后模镶件，单击"确定"按钮，选取后模底部的模具表面，单击"确定"按钮，输入数值为 200，单击 按钮。

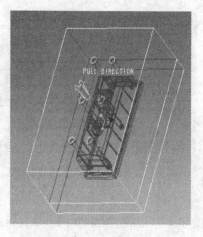

图 10-72   完成遮蔽后效果

选择"定义间距"→"定义移动"命令，选取前模镶针，单击"确定"按钮，选取前模的模具表面为参照平面，系统指示"输入沿指定方向的位移"，输入数值为 350，单击 ✓ 按钮，如图 10-73 所示。

选择"视图"→"分解视图"→"取消视图分解"命令，模具回到闭模状态。完成后的前后模图形如图 10-74 所示。

图 10-73   开模效果   图 10-74   完成后的前后模示意图

10）将模具改变为一模二穴。选取 Mold_Front、Main_parting_Pln 和后模的右侧面，建立如图 10-75a 所示的坐标系，选取后模零件的表面，右击选取实体表面，选择"复制"→"粘贴"命令，单击 ✓ 按钮。选取刚才建立的曲面，选择 📋→📋 命令，系统弹出"选择性粘贴"对话框，选择"对副本应用移动/旋转变换（A）"（图 10-75b），单击"确定"按钮，弹出如图 10-75c 所示面板，选择 ↻ 命令，单击"选取一个项目"按钮，选取 Z 轴，输入旋转角度为 180，单击 ✓ 按钮，如图 10-75d 所示。选取刚才完成的曲面，选择"编辑"→"实体化"命令，单击 ✓ 按钮，结果如图 10-75e 所示。用同样的方法将前模镶件做成一模二穴（图 10-75f）。

11）浇注系统的设计。从模型树中打开 Mold_Cavity，选择"插入"→"模型基准"→"偏移平面"命令，建立三个基准平面，将 DTM1 向左和向右偏移 64，分别建立两个基准平面，选择工具栏中的▷☆命令，选取 DTM3，进入草绘平面，绘制如图 10-76a 所示的草图，单击 ✓→✓ 按钮，用同样的方法完成另一穴的浇口的创建，结果如图 10-76b 所示。

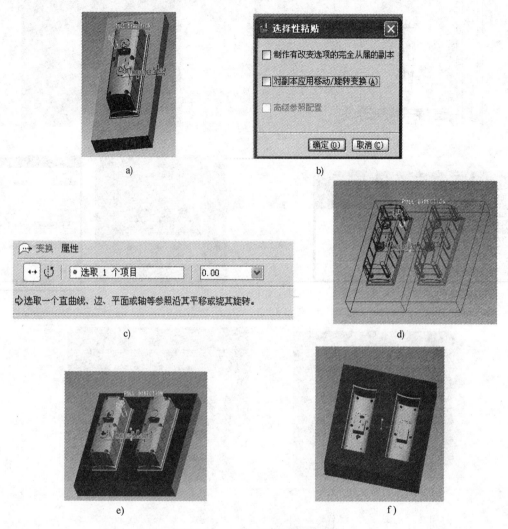

图 10-75　一模两穴的创建步骤

选择"特征"→"型腔组件"→"模具"→"流道"→"倒圆角"命令，系统提示"输入流道半径"，输入半径值为 7，单击 ✓ 按钮，系统弹出"流道"对话框（图 10-76c），选择"草绘流道"→"新设置"命令，选取模具的顶平面，单击"缺省"按钮，绘制分流道的截面图，单击 ✓→✓ 按钮，系统弹出"相交元件"对话框（图 10-76d），选取等级，改为元件级，单击 ✓ 按钮，选取前模镶件，单击"确定"→"确定"按钮，结果如图 16-76e 所示。

12）在模具的中央部分增加一个冷料井，选择"特征"→"型腔组件"→"实体"→"切减材料"→"旋转"→"实体"→"完成"命令，单击"放置"按钮，系统进入草绘平面，绘制如图 10-76 所示的草图，单击 ✓→✓ 按钮，结果如图 10-76f 所示。

顶出系统和冷却系统的设计在 EMX5.0 中完成比在模块中建立更为简便，故在这里不再叙述。

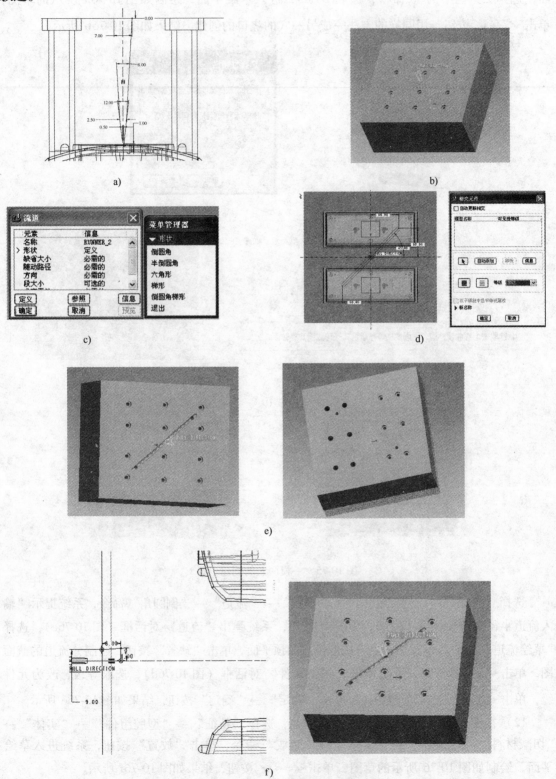

图 10-76 主流道和拉料穴的创建步骤

参 考 文 献

［1］谭雪松，胡谨，郑平 . Pro∕ENGINEER Wildfire 4.0 中文版基础教程 ［M］. 北京：人民邮电出版社，2009.

［2］甘登岱 . 中文版 Pro∕E 基础与应用精品教程（野火版 3.0）［M］. 北京：航空工业出版社，2008.

［3］谭雪松，钟廷志，赖春林 . Pro∕ENGINEER Wildfire 3.0 中文版应用与实例教程 ［M］. 北京：人民邮电出版社，2008.

［4］李晓辉，夏彩云，吴高阳 . Pro∕ENGINEER Wildfire 3.0 中文版完全自学专家指导教程 ［M］. 北京：机械工业出版社，2007.

［5］林清安 . Pro∕ENGINEER 零件设计基础篇：下册 ［M］北京：北京大学出版社 . 2000.

［6］谢颖，顾晔 . Pro∕E Wildfire 3.0 模具设计标准教程 ［M］. 北京：北京理工大学出版社，2007.

［7］牛宝林 . Pro∕ENGINEER Wildfire 4.0 应用与实例教程 ［M］. 北京：人民邮电出版社，2009.

［8］蔡冬根 . Pro∕ENGINEER Wildfire 3.0 实用教程 ［M］. 北京：人民邮电出版社，2008.

［9］徐文华，叶久新 . Pro∕ENGINEER Wildfire 4.0 产品设计实用教程 ［M］. 北京：北京理工大学出版社，2008.

［10］曹德权 . Pro∕ENGINEER Wildfire 4.0 中文版曲面分析与逆向工程 ［M］. 北京：清华大学出版社，2009.